現代環境
Environmental Policy Law
規制法論

北村喜宣
Yoshinobu Kitamura

Sophia University Press
上智大学出版

◆はしがき◆

2001年4月1日、私は、上智大学法学部地球環境法学科の教員として着任した。当時、学生定員60名（内留学生10名）というまことに小さな組織のなかで、授業としては、「環境汚染防止法」「開発環境法」「演習（環境法）」を含むいくつかを担当すればよいという状況であった。

その状況は、法科大学院の発足により早々に変更されるのであるが、それでも、環境法関係科目のみの担当は変わらなかった。この国の環境法教育者・研究者としては、もっとも恵まれた環境にあるのだろう。

本書は、着任からの18年を振り返り、自分自身の足跡を示すいくつかの論文を編集したものである。素晴らしい環境のもとにあったにもかかわらず、不十分さばかりが目立つものではあるが、上智大学出版から上梓できることは、上智大学の教員として、光栄に感じるところである。それぞれの執筆時期を振り返り、現在の自分をみつめ直せたし、これからの課題を認識できたのも有意義であった。

校正にあたっては、北村研究室の大学院博士後期課程学生（釼持麻衣（日本都市センター研究員）、千葉実（岩手県立大学特任准教授）、箕輪さくら）の諸君の手をわずらわせた。また、出版や編集にあたっては、上智大学出版事務局および株式会社ぎょうせいの皆さまに大変お世話になった。厚く御礼申しあげたい。

あと何年、上智大学教員として仕事ができるのかはわからないが、そうであるかぎりにおいて、少しでも研究の歩を進めたいと思う。

2018年　菜の花がまぶしい朝

北 村 喜 宣

目　次

はしがき

第1部　環境配慮の法理論

第1章　「公害」と相隣紛争 ——「相当範囲」を考える　3

1　「公害」概念の構成要素 ・・4

2　相当範囲性 ・・4

3　ある責任裁定 ・・・5

4　公害対策基本法案の国会審議と政府解説書 ・・・・・・・・・・・・・・・・・・・・6

5　公害紛争処理法案の国会審議と政府解説書 ・・・・・・・・・・・・・・・・・・・7

6　対応のあり方 ・・・9

　　(1) 文言を現実にあわせる／9　　　(2) 条例における状況／10

7　制度の正当性に対する信頼 ・・・・・・・・・・・・・・・・・・・・・・・・・・・・・・・・・・11

8　制度と組織の将来 ・・12

第2章　行政の環境配慮義務と要件事実　15

1　「本案審査の時代」における理論的可能性 ・・・・・・・・・・・・・・・・・・・16

　　(1)「環境配慮」と法的根拠／16　　(2) 明文規定がないなかでの環境配慮／16

2　行政の環境配慮義務の法的根拠 ・・・・・・・・・・・・・・・・・・・・・・・・・・・・・18

　　(1) 判例・学説の状況／18　　　　(2) 日光太郎杉事件控訴審判決の示唆／20

　　(3) 判例法理としての環境配慮義務／21　(4) 原告適格拡大の影響／22

　　(5) 環境基本法19条の法的性質／23　(6) 環境基本条例の重要性／25

　　(7) 環境配慮義務の具体的内容／25

3　環境配慮の方法と程度 ・・・・・・・・・・・・・・・・・・・・・・・・・・・・・・・・・・・・・26

　　(1) 環境配慮が求められる様々な場合／26

　　(2) 処分の法的性質と要件事実／26　(3) 特段の規定・制度がない場合／27

　　(4) 処分の根拠法規に規定がある場合／29

　　(5) 環境影響評価法・条例の（「横断条項」の）対象となる場合／30

iii

4 行政の環境配慮義務と立法 ・・・・・・・・・・・・・・・・・・・・・・・・・・・・・・31

5 環境法と要件事実 ・・・・・・・・・・・・・・・・・・・・・・・・・・・・・・・・・・・・・32

　(1) 要件事実論の可能性／32　　　(2) いくつかの論点／32

第3章　搬入事前協議制度の意義と課題　　35

1 自衛としての事前協議 ・・・・・・・・・・・・・・・・・・・・・・・・・・・・・・・・・36

2 制度の目的 ・・37

3 事前協議の内容と評価 ・・・・・・・・・・・・・・・・・・・・・・・・・・・・・・・・37

　(1) 根　拠／37　　　　　　　　(2) 義務者／38
　(3) 義務内容／38　　　　　　　(4) 協議内容／40
　(5) 協議の実績／41

4 事前協議制度が提起する産業廃棄物処理の論点 ・・・・・・・・・・・・・・41

　(1) 条例の基本的適法性／41
　(2) 委託内容の法令適合性の行政による確認／42
　(3) 実地確認義務／43　　　　　(4) 県外産廃流入抑制という法政策／43

第4章　環境大臣の「重み」　　45
——環境影響評価法23条意見と許認可処分

1 環境影響評価における環境大臣の役割 ・・・・・・・・・・・・・・・・・・・・・46

2 新石垣空港航空法免許取消請求事件の事実の経緯 ・・・・・・・・・・・・47

3 環境影響評価法における評価書作成過程 ・・・・・・・・・・・・・・・・・・・48

　(1) 評価書作成手続と横断条項／48
　(2) 評価書作成と環境大臣意見・許認可権者意見／49
　(3) 事業者における対応と許認可権者の対応／49

4 評価書作成過程における環境大臣関与の意味 ・・・・・・・・・・・・・・・50

　(1) 閣議アセスの時代／50
　(2) 環境影響評価法における環境大臣意見の制度化趣旨／52

5 横断条項のもとでの環境配慮審査 ・・・・・・・・・・・・・・・・・・・・・・・・57

　(1) 法33条2項各号法律と3項法律の違い／57
　(2) 法24条意見と審査の関係／58　　(3) 不許可とすべき場合／59

6 東京地裁判決の評価 ・・・・・・・・・・・・・・・・・・・・・・・・・・・・・・・・・・60

　(1) 環境大臣の法23条意見の法的意義／60

（2）国土交通大臣の法 24 条意見の法的意義／ 61

（3）沖縄県の法 25 条対応と許認可権者の判断／ 62

7　東京高裁判決の評価 ･･････････････････････････････ 63

（1）環境大臣の法 23 条意見の法的意義／ 63

（2）国土交通大臣の法 24 条意見の法的意義／ 64

（3）沖縄県の法 25 条対応と許認可権者の判断／ 64

8　環境大臣意見と環境配慮審査 ･･････････････････････ 65

第5章　ABS国内措置　　　　　　　　　　　67

1　ABSと名古屋議定書 ･･･････････････････････････････ 68

2　日本国の対応 ･･･････････････････････････････････････ 69

（1）国内措置の必要性／ 69

（2）主権的権利の対象としての遺伝資源／ 70

（3）検討会／ 70

3　名古屋議定書にかかる国内措置 ･･････････････････････ 71

（1）議定書の要求事項／ 71　　　（2）スキームの特徴／ 72

4　国内措置の内容 ･････････････････････････････････････ 75

（1）特殊な義務づけ／ 75　　　（2）国内環境法における実現／ 75

（3）立法措置か行政措置か／ 78

5　国内措置としてのABS指針 ･･･････････････････････････ 81

（1）2016年当時の状況／ 81　　　（2）ABS指針の策定／ 82

第2部　事業者の意思決定への法的アプローチ

第6章　行政罰・強制金　　　　　　　　　　　85

1　直接的強制力を行使しない義務履行確保手法 ･･････････ 86

2　日本国憲法のもとでの行政強制制度改革 ･････････････ 87

（1）戦前の制度／ 87

（2）不作為義務と非代替的作為義務に関する行政刑罰中心主義／ 88

3　行政刑罰の諸論点 ･････････････････････････････････ 89

（1）法的性質／ 89　　　（2）直接適用と間接適用／ 90

v

(3) 組織活動と違法行為／91　　　　(4) 罰金刑と懲役刑の併科／92

4　過料の諸論点 ・・93

(1) 法的性質／93　　　　　　　　(2) 過料の賦課と行政刑罰との関係／94
(3) 条例にもとづく過料／94

5　活用されない行政罰 ・・・・・・・・・・・・・・・・・・・・・・・・・・・・・・・・95

(1) 行政罰適用の状況／95
(2) 活用されない法制度的・組織的理由／96
(3) 略式手続の多用／97　　　　　(4) 過料の実情／98

6　強制金の諸論点 ・・・・・・・・・・・・・・・・・・・・・・・・・・・・・・・・・・・・99

(1) 法的性質／99　　　　　　　　(2) 「繰り返し課せる」／100
(3) 強制金賦課手続／100

7　間接強制手法の多様化 ・・・・・・・・・・・・・・・・・・・・・・・・・・・・ 100

(1) 厳罰化／100　　　　　　　　(2) 刑罰からの離脱とダイバージョン／102
(3) 過料の活用／104　　　　　　(4) 強制金の活用／105
(5) 課徴金／106

8　執行法モデル ・・・・・・・・・・・・・・・・・・・・・・・・・・・・・・・・・・・・ 108

(1) 行政刑罰代替型の対応／108　　(2) 行政刑罰存置型の対応／109

9　実施戦略 ・・ 110

(1) 警察・検察組織／110　　　　(2) 行政組織／111
(3) 他制度とのリンケージ／113

10　地方分権時代の間接強制法制・・・・・・・・・・・・・・・・・・・・・・ 114

11　前提となる義務の合理性評価の視点・・・・・・・・・・・・・・・・・ 115

第7章　行政の実効性確保制度　　　　　　　　117

1　「実効性」という言葉 ・・・・・・・・・・・・・・・・・・・・・・・・・・・・・ 118

(1) 実定法規定の3つの次元／118　(2) 行政法学における整理／119

2　行政法学と実効性確保論 ・・・・・・・・・・・・・・・・・・・・・・・・・ 120

3　前提としての法的義務づけと実現のための仕組み ・・・・・・ 122

4　実効性確保の手法論 ・・・・・・・・・・・・・・・・・・・・・・・・・・・・・ 123

(1) 2つのアプローチ／123　　　　(2) 直接的アプローチにもとづく手法／124
(3) 間接的アプローチにもとづく手法／134

5　実効性確保の組織論 ・・・・・・・・・・・・・・・・・・・・・・・・・・・・・ 139

(1) 専門部署の設置／139　　　　(2) 法執行過程への私人の参画／141

（3）行政活動の情報提供／142

6　実効性確保に関するいくつかの法制度設計 ・・・・・・・・・・・・・・・ 143

（1）両罰規定と法人重科／143　　　（2）リンケージ／144

（3）要綱、条例、処分基準を通じた実効性確保／145

7　行政の実効性確保論の今後 ・・・・・・・・・・・・・・・・・・・・・・・・・・・・・ 148

第8章　環境法規制の仕組み　　　151

1　現代行政法としての環境法 ・・・・・・・・・・・・・・・・・・・・・・・・・・・・・ 152

2　意思決定へのアプローチ ・・・・・・・・・・・・・・・・・・・・・・・・・・・・・・・ 153

（1）実体と手続／153　　　　　　（2）強制と任意／153

（3）現実の法制度のなかでの組みあわせ／154

3　規制手法とその概要 ・・・・・・・・・・・・・・・・・・・・・・・・・・・・・・・・・・・ 155

4　個別環境法の基本構造 ・・・・・・・・・・・・・・・・・・・・・・・・・・・・・・・・・ 156

（1）目的と規制戦略／156　　　　（2）規制対象／157

（3）規制内容／159　　　　　　　（4）規制手法／161

5　環境法の実施主体としての中央政府と地方政府 ・・・・・・・・・・・・ 169

第9章　環境行政組織
——対等な統治主体同士の適切な役割分担の検討　　171

1　現代環境行政の法的枠組みと本章の目的 ・・・・・・・・・・・・・・・・・ 172

2　国と自治体の適切な役割分担 ・・・・・・・・・・・・・・・・・・・・・・・・・・・ 173

（1）基本的人権保障の仕組み／173　（2）環境行政の法体系／174

3　「みんなのもの」である環境に関する決定のあり方 ・・・・・・・・・ 176

（1）市民参画が必要な理由／176　　（2）2つのモデル的場面／177

4　「適切な役割分担関係」といくつかの論点 ・・・・・・・・・・・・・・・ 178

（1）基幹法／178　　　　　　　　（2）個別法／182

（3）自治体事務化による環境破壊・劣化促進の危惧／185

（4）国際環境条約の国内実施における自治体／188

5　環境行政における国・自治体関係の展望 ・・・・・・・・・・・・・・・・・ 189

（1）議論停滞への懸念／189　　　　（2）条例による法令の「柔軟化」／190

（3）役割のベスト・ミックスを踏まえた環境管理法制度／190

第10章　企業と環境法　193

1　弁護士にとっての「企業と環境法」という視点 ・・・・・・・・・・・・・・ 194

2　3つの環境法判決を考える・・・・・・・・・・・・・・・・・・・・・・・・・・・・・・・・・・・ 194

　(1) 国立市大学通りマンション事件最高裁判決／194
　(2) 水戸市産業廃棄物最終処分場事件東京高裁判決／196
　(3) 鞆の浦世界遺産事件広島地裁判決／197

3　環境紛争と環境法 ・・ 198

4　何を学ばなければならないか ・・・・・・・・・・・・・・・・・・・・・・・・・・・・・ 199

　(1) 環境法とは／199　　　　　　(2) 環境法の範囲／199
　(3) 環境法講義の構成／200

5　環境法のアプローチ ・・・・・・・・・・・・・・・・・・・・・・・・・・・・・・・・・・・・・・ 203

　(1) 各種アプローチ／203
　(2) 民事法的対応と行政法的対応の相互作用による展開／205
　(3) 自治体の対応と国の対応の相互作用による展開／206
　(4) 適切な環境保全水準に関する社会的合意／207

6　企業を取り巻く環境リスク ・・・・・・・・・・・・・・・・・・・・・・・・・・・・・・・ 208

　(1) いくつかの法的リスク／208　(2) 企業の法的リスク感覚／209

7　自治体環境行政の実情 ・・・・・・・・・・・・・・・・・・・・・・・・・・・・・・・・・・・ 209

　(1) 法的権限と自治体環境行政／209
　(2) 行政手続法制と自治体環境行政／210
　(3) 分権改革と自治体環境行政／211

8　環境法コンサルティング ・・・・・・・・・・・・・・・・・・・・・・・・・・・・・・・・ 211

　(1) 対企業／211　　　　　　　　(2) 対行政／212
　(3) 対コンサルタント／214

9　環境法の発展をサポートする企業的視点 ・・・・・・・・・・・・・・・・・ 214

10　上智大学法科大学院における環境法教育・・・・・・・・・・・・・・・・・ 215

　(1) 法学部地球環境法学科を基礎にした展開／215
　(2) 法科大学院生が環境法を学ぶ意義／216
　(3) 環境法カリキュラム／216　　(4) 正課外のプログラム／216

初出一覧／218

索　　引／219

環境配慮の法理論

Part 1

第1章

「公害」と相隣紛争
——「相当範囲」を考える

〔要旨〕

　公害紛争処理法のもとでの裁定や調停は、「公害に係る紛争」について行われる。この「公害」とは、環境基本法2条3項にいう「公害」であるが、そこでは相当範囲性が要件となっている。しかし、現実の運用においては、近隣紛争も対象にされている。法治主義に照らせば、これは越権である。本来は、環境基本法の定義の修正が必要であり、それをしないならば、公害紛争処理法についてのみ拡大してとらえるように法改正をすべきである。現在のなしくずし的運用は、公害紛争処理制度の正当性を危うくする。

第1部 環境配慮の法理論

1 「公害」概念の構成要素

　法律に規定される用語がどのような意味で用いられるかは、当該法律の運用にとって、きわめて重要である。公害に係る紛争の迅速かつ適正な解決を図ることを目的とする公害紛争処理法2条は、「公害」について、「環境基本法……第2条第3項に規定する公害をいう。」と規定している。そして、環境基本法2条3項は、「環境の保全上の支障のうち、事業活動その他の人の活動に伴って生ずる相当範囲にわたる大気の汚染、水質の汚濁…、土壌の汚染、騒音、振動、地盤の沈下…及び悪臭によって、人の健康又は生活環境…に係る被害が生ずること」と定義する。

　この「公害」の定義を、いくつかに分けて整理しよう。第1は、「人の活動に伴って生ずる」という人為起源性である。後ろに「その他の」とあるから、事業活動は例示である[1]。したがって、原因が事業活動に限定されるわけではない。「人の活動」がエッセンスである。第2は、大気汚染をはじめとする典型7事象起因の特定である。この7つに関して、当時の知見を踏まえた限定列挙とみるか例示列挙とみるかについては、解釈の余地がある。第3は、「相当範囲にわたる」という影響範囲である。「相当」という表現からして、それなりの拡がりがあるととらえるのが自然である。第4は、「被害が生ずる」という実害である。本章では、このうち、「相当範囲」について検討し、必要に応じてその他の点にも触れる。

2 相当範囲性

　公害紛争処理法にとって、何を「公害」と観念するかは、同法の適法範囲を確定するうえで決定的意味を持つ。上記のように、同法は、これを環境基

---

[1]　川﨑政司『法律学の基礎技法〔第2版〕』(法学書院、2013年) 199 〜 200頁、吉田利宏『新法令用語の常識』(日本評論社、2014年) 24頁参照。

4

本法にいう「公害」と同義としている。ところが興味深いのは、それにもかかわらず、現在の実務においては、「相当範囲」について、大いに拡張解釈がされている事実である。ここでは、「相当」とは、「普通を超えているさま。かなりな程度であるさま。」[2]という通常の用語法と同じように理解されている点を確認しておこう。

　公害紛争処理法は、1970年に制定された。誤解されがちであるが、同法は、同年12月の第64回国会（いわゆる公害国会）ではなく、同年6月の第63回国会で制定されている。

　施行にあたって、総理府総務副長官通達「公害紛争処理法の施行について」（1970年11月1日）が発出され、そこで「相当範囲」が説明されている。それによれば、「『相当範囲にわたる』とは、大気の汚染等の現象が単なる相隣関係的な程度でなく、地域的にある程度の広がりを有していることが必要であることをいうものである。この場合、その被害者は、多数に及ぶ必要はなく、一人であつてもよい。」というのである。ここでは、相隣関係のような狭さでは公害とはいえないという認識が明確に示されている。通常の用語法に従っており、常識的な内容といってよいだろう。

3　ある責任裁定

　ところが、この認識は、実務上、なしくずし的に修正されているようにみえる[3]。たとえば、「渋谷区におけるマンション騒音による健康被害等責任裁定事件」において、公害等調整委員会（以下、「公調委」という。）は、「被害発生原因となる現象が相当範囲にわたるか否かは、当該現象の及んでいる人的範囲及び地域的範囲を総合勘案して、一定程度の社会的な広がりを有するか否かによって判断されるべき」とした（公調委裁定平成23年6月27日）。そのように述べつつも、マンションの上下階居室に関する事件において、事業

2　新村出（編）『広辞苑〔第7版〕』（岩波書店、2018年）1696頁。
3　北村喜宣『環境法〔第4版〕』（弘文堂、2017年）253頁参照。

活動に起因して直上階で発生した騒音は、一定の人的・地域的な広がりを有するがゆえに相当範囲性を充たして公害といえると判断したのである[4]。

被申請人は、「グラフィックデザイン業者」であった。一般家庭同士の単純なご近所騒音問題ではなく、主張された被害が一方当事者の事業活動に起因していることが、このような判断になったポイントのようにもみえる。しかし、「壁や床を隔てて多数の世帯が居住するという共同住宅の性質を考慮すれば、被害発生原因となる現象（騒音）が、一定の人的・地域的な広がりを有していた」とするのは、さすがに無理がある。前述のように、そもそも人為起源性があれば足りるのであり、事業活動起因でなければ公害といえないというわけではない。

4 公害対策基本法案の国会審議と政府解説書

「公害」に関する定義が初めて規定されたのは、1967年制定の公害対策基本法2条においてである。同法を廃止して制定された環境基本法の2条3項は、この規定ぶりを基本的に引き継いでいる。公害対策基本法の解説書は、相当範囲性について、「単なる相隣関係的な問題にとどまら〔ない〕」ことを明らかにするために「相当範囲にわたる」[5]としたと説明している。

公害対策を進めるために、何をもって「公害」と定義するかは、公害対策基本法の根幹的認識にかかわる問題である。そこに相当範囲性を含めたのは、事業活動に対して公法的に介入することを正当化するためであったかと思われる。これほどまでになっているのならば、それはもはや民事的解決に委ねられるべき相隣問題ではなく、社会としても関心を持って対応すべき公共的課題であるということであろう[6]。産業界に対する説得の論理ではなかっただろうか。

4　なお、損害賠償請求自体は棄却された。公調委ウェブサイト（http://www.soumu. go.jp/main_content/000297469.pdf）参照。

5　岩田幸基（編）『新訂公害対策基本法の解説』（新日本法規出版、1971年）144頁。

6　大塚直『環境法Basic〔第2版〕』（有斐閣、2017年）3頁も参照。

第1章 「公害」と相隣紛争──「相当範囲」を考える

　この点については、公害対策基本法案が審議された国会において、次のように答弁された。

> 　「国が方針を定め、一定の方式に従って公害対策をするというような対象として今後施策で取り上げるのは、ある程度の広がりを持ったものでなければ、いわゆる私害として民法上の関係で、隣の家がやかましいとかいうようなことは、これはすでに相互で解決できる問題でありまして、あるいは軽犯罪法で処分できるものもあるわけであります。そのようなものを、わざわざこのような基本法を設けてまで処理しなくても、民法上の損害賠償なりあるいは騒音の軽犯罪法上の取り締まりなり、そういうようなもので片づけられるものを、何もこういう大きな基本法を定めて国が処理をするという必要はない。やはりある程度の広がりを持ったものに対して、公法上の処置の規定を設け、あるいは国の責務をうたい、あるいは事業者の責務をうたうというようなことで、国が大きな方針をきめてやらなければ解決しないということを、この法の対象としたわけであります。」
>
> ［出典］第55回国会衆議院産業公害対策特別委員会議録13号（1967年7月5日）27頁
> ［舘林宣夫・厚生省環境衛生局長答弁］。

　公害対策基本法制定当時には、現在のような一般的な公害紛争処理制度は存在していなかったが、同法21条1項は、「政府は、公害に係る紛争が生じた場合における和解の仲介、調停等の紛争処理制度を確立するため、必要な措置を講じなければならない。」と規定し、将来における制度化を命じていた。これが、1970年5月の公害紛争処理法成立に至る。前出の解説書は、21条1項が用いる「公害」という文言に関して、2条に関する解説と別異に解することを示唆するような記述は一切していない[7]。

5 公害紛争処理法案の国会審議と政府解説書

　公害紛争処理法案が審議された国会において、日照権紛争が対象になるのかという質問がされた。これに対して、政府委員は、「公害の範囲にかかわ

7　岩田（編）・前註（5）書239頁以下参照。

第1部 | 環境配慮の法理論

る問題でございますが、この法案では、公害対策基本法の2条に定めます『公害』を公害としておるわけであります。したがいまして、日照権のように相隣的なものは、公害の対象にしておらないわけでございますので、本制度による紛争あるいは苦情処理には直接はかからないと考えておるわけでございます。」[8]と答弁した。これは、公害対策基本法2条に規定される法定事象ではないという理由で対象外としているのではなく、相隣的ゆえに対象にならないとしているのである。担当大臣も、一般的に、「本法案で公害と規定をいたすものの中に、極端に狭い範囲の、起因者も被害者もはっきりわかっているというようなものを一応除いてある。」[9]と述べている。

公害紛争処理法の解説書は、前述の責任裁定が示した整理を述べる。そのうえで、「公害について、一般の不法行為の事案とは別個の扱いをする理由は、その社会性、公共性にあるのであるから、公害として処理するのを相当とするのには、単なる相隣関係の問題であるにとどまらず、ある程度の広がりを持つ必要がある。これが『相当範囲にわたる』ことを要件とする趣旨である。」「要するに純粋な相隣関係を除外する趣旨であると解するのが妥当であろう。」[10]と明言している。これは、先に出版された別の解説書の記述を継承したものである[11]。解説書は、公害対策基本法ではこのように規定されているが、公害紛争処理法では若干異なって適用すべきであるというような示唆は一切していない。

以上、国会および中央政府の認識として確認しておきたい。

---

8 第63回国会衆議院産業公害対策特別委員会議録9号（1970年4月9日）6頁［青鹿明司・内閣総理大臣官房審議室長答弁］。

9 第63回国会参議院公害対策特別委員会議録8号（1970年5月8日）11頁［山中貞則・国務大臣答弁］。

10 公害等調整委員会事務局（編著）『解説 公害紛争処理法』（ぎょうせい、2002年）（以下、「解説」として引用。）20〜21頁。

11 小熊鐵雄『公害紛争処理法解説』（一粒社、1975年）11〜12頁参照。

第1章 「公害」と相隣紛争——「相当範囲」を考える

6 対応のあり方

(1) 文言を現実にあわせる

　もっとも、上記解説書がいうように、「要件を余り厳しく解するのは、制度の趣旨を減殺するおそれがある。」[12]。そうであるならば、やはり公害紛争処理法2条を改正し、行政的紛争処理制度にふさわしい射程距離を、同法で用いる「公害」という文言に与えるのが正道である。同法が1970年に制定された際には、大気汚染など法定の6つの事象に関するものであったとしても、それが相隣紛争であれば同法の対象外とすると考えられたことは、証拠上明らかといわざるをえない。これは、行政的紛争処理制度に関する規定を設けていなかった公害対策基本法の制度趣旨にも整合的な整理であったといえる。

　なるほど、救済を重視する立場からは、なるべく「紛争」を広く解してこの法律の制度に載せるのが適切であろう。深刻な事件が多かったかつてと比べると紛争の性質が変容しているがゆえに、かつてなら対象とはしなかった紛争をも対象とするのが望ましいのかもしれない。

　上記解説によれば、環境基本法の定義をそのまま用いている理由は、「公害紛争処理法は、環境基本法の実施法としての性格を有するから、公害紛争処理制度の対象とする公害の範囲についても、環境基本法における公害の概念のそれと一致させた」[13]からである。環境基本法の政府解説書も、公害概念にズレがありうるとは認識していないようにみえる[14]。

　たしかに、公害規制であれば、相当範囲性を維持する整理には合理性がある。しかし、先にみたように、それは公法的対応を正当化するためであった。したがって、規制の場面ではなく紛争処理の場面で異なった整理をしても、それを環境基本法が否定しているとか、同法との関係で問題は生じるとかい

---

12 解説・前註（10）書21頁。

13 解説・前註（10）書19頁。

14 環境省総合環境政策局総務課（編著）『環境基本法の解説〔改訂版〕』（ぎょうせい、2002年）279頁以下参照。

第1部 環境配慮の法理論

う事態にはならないのではなかろうか。

　そうであるとすれば、現在は7つになっている法定事象に関して相隣紛争に
も制度の射程を拡げるのが適切ということになるなら、その旨を明確に規定
すべきであろう。公調委は、こうした方向での対応を適切と判断しているよ
うにみえる[15]。そうであれば、疑義を生じさせないためにも、公害紛争処理
法2条を改正し、現在の環境基本法2条3項にある「相当範囲にわたる」とい
う部分は適用しないとするような対応が、法治主義の観点からは妥当である。

(2) 条例における状況

　なお、「公害」という文言に対する定義は、法律からは独立して、条例の
なかで与えられる場合がある。たとえば、東京都の「都民の健康と安全を
確保する環境に関する条例」（東京都環境確保条例）は、「公害」を、「環境の
保全上の支障のうち、事業活動その他の人の活動に基づく生活環境の侵害で
あって、大気の汚染、水質の汚濁、土壌の汚染、騒音、振動、地盤の沈下、
悪臭等によって、人の生命若しくは健康が損なわれ、又は人の快適な生活
が阻害されることをいう。」と規定する（2条2号）。「川崎市公害防止等生活
環境の保全に関する条例」は、「環境の保全上の支障のうち、事業活動その
他の人の活動に伴って生ずる大気の汚染、水質の汚濁（水質以外の水の状態
又は水底の底質が悪化することを含む。以下同じ。）、土壌の汚染、騒音、振動、
地盤の沈下及び悪臭によって、人の健康又は生活環境（人の生活に密接な関
係のある財産並びに人の生活に密接な関係のある動植物及びその生育環境を含む。
以下同じ。）に係る被害が生ずることをいう。」（2条1号）と規定する。

　環境基本法2条3項を引用して、これと同じ定義を与える条例が多いとこ
ろ、上記2条例においては、相当範囲性が明確に排除されている。東京都条
例の前身は、1969年制定の東京都公害防止条例である。同条例1条1項は、

15　谷口隆司「公害等調整委員会の30年：回顧と今後の展望」ジュリスト1233号（2002
　　年）38頁以下・39頁には、「公害とは、環境基本法2条3項に規定する大気汚染、水質汚濁、
　　土壌汚染、騒音、振動、地盤沈下、悪臭のいわゆる典型7公害を指す。」という記述がある。
　　対象事象は認識されているが、相当範囲性に対する認識は薄いようにみえる。

10

第1章 「公害」と相隣紛争——「相当範囲」を考える

公害を、「事業活動その他の人為に基づく生活環境の侵害であつて、大気の汚染、水質の汚濁、騒音、振動、地盤の沈下、悪臭等によつて、人の生命及び健康がそこなわれ、又は人の快適な生活が侵害されることをいう。」と規定していた。相当範囲性は明確に排されているが、これは、「被害範囲の狭い問題が、いわゆる『私害』と目されることによって行政の対象から除外されることとなるのを避けるため」[16]と説明されている。こうした立法傾向は、公害紛争処理法2条を考えるにあたって参考になるだろう。

7 制度の正当性に対する信頼

なお、制度の利用者にとって厳格な解釈をして救済を拒否しているのではなく、逆に柔軟な解釈をして救済制度利用の間口を拡げているのであるから、特段の問題はないという考え方もあろう。とくに問題が発生していないならば（＝運用でうまくいっており誰も不満を申し立てていないならば）、行政職員は一般に、「理屈ではそうかもしれないが、実務的には法律改正までは不要」と考える傾向にある。また、そうした方針を一旦決めた場合には、その方向をサポートする資料をひたすら集めて決定の正当性を説明する傾向がある。組織人の心情としては、十分理解できるところである。

しかし、公害苦情相談はさておき、過度な拡張解釈にもとづいて調停制度の土俵に引きずり込まれる相手方（主として事業者）の立場に立ってみればどうだろうか。受理事件数を増やすための、公調委による同制度の濫用的利用と映らないだろうか。ねじ曲げられた運用がされていると感じないだろうか。

いうまでもなく、裁判制度にせよ公害紛争処理法の諸制度にせよ、関係者にとってその正当性に対する信頼があることは、制度の存立にとって必須の条件である。調停にせよ裁定にせよ、正当な理由なく出頭要求に応じない場合には過料が科されるのである（公害紛争処理法53条1号、55条1号）。なしくずし的な制度射程の拡大は、厳しい表現をすれば、運用の範囲を超えた立法

---

16 東京都公害局規制指導部（監修）『東京都公害防止条例逐条解説』（公人社、1971年）17頁。

第1部 環境配慮の法理論

権の侵害ともいわれかねない。

　おそらく、制度発足当時には、法律の「服が体にあっていた」のだろう。しかし、社会状況の変化によって、体が大きくなってきている。窮屈な服をそのままにしていると、体の成長が不健全に抑制されるし、服それ自体が破れてしまうのではないだろうか。体にとっても服にとっても、そして、制度に対する社会の信頼にとっても、良くない結果になりそうに思える。

8　制度と組織の将来

　蛇足ながら、制度発足以来、「公害」を冠している法律および組織の名称、そして、所掌事務の範囲も、中長期的には検討の対象とする余地があろう。法定7事象でないがゆえに対象としないという運用があり、それが「公害」の定義に起因するのであれば、その点を改革するのが、現在および将来の世代の国民の利益に資する。

　1970年に制定された公害紛争処理法は、その3年前に制定されていた公害対策基本法の枠組みのもとで発足した。1993年に環境基本法が制定された際、条文の主語が「政府」から「国」に変わった程度で、公害紛争処理の制度には、とくに修正が加えられずに横滑りした。周知の通り、環境基本法は、公害対策基本法を廃止して成立している。その際には、自然環境保全法の基本理念部分を統合して名称に「環境」を冠し、より広い視野と新しいパラダイムのもとに出発したのであった。

　そのもとで、なぜ「公害」紛争処理制度が存続しえたのかは調査できていない[17]。ただ、未来永劫そのままでよいとは、立法者は考えなかったとみるべきではないだろうか。

　公害紛争処理制度は、大きな発展可能性を秘めたADR（裁判外紛争処理制度）である。相当範囲性をどう考えるかのほか、法定7事象に限定せず、広

17　改正されるべきであったという指摘は多い。たとえば、大久保規子「環境紛争における行政型ADR：都道府県公害審査会を中心として」自治体学研究91号（2005年）32頁以下・37頁参照。

第1章　「公害」と相隣紛争——「相当範囲」を考える

く環境に関する紛争を射程に含めるかどうか[18]。制度発足時には想像もされ
ていなかった事象をどう扱うか[19]。その任務に対応できる中央組織・地方組
織をいかに実現するか。事実認定、調停、裁定の法的効力をどのように考え
るか。公害紛争処理制度については、ほかにも重要な検討課題が多くあるこ
とは確かである[20]。

18　都市問題や自然保護なども射程に入れる環境紛争処理制度として再構成されるべきと
主張するものとして、たとえば、大久保・前註（17）論文37頁、大塚・前註（6）書476頁、
越智敏裕『環境訴訟法』（日本評論社、2015年）114 ～ 115頁、山田久美子「公害・環境紛
争に関する裁判外紛争解決制度（ADR）の日米比較研究と今後のわが国の制度のあり方
についてⅡ」法研論集［早稲田大学大学院］114号（2005年）193頁以下・199頁、207頁、
参照。米国連邦レベルでは、自然資源に関する紛争も射程に含めるADRがあるようである。
大橋真由美「環境ADRにおける行政機関の関与」同『行政による紛争処理の新動向：行
政不服審査・ADR・苦情処理等の展開』（日本評論社、2015年）166頁以下・184頁註51参照。

19　その最たるものが、地球温暖化である。環境法弁護士らが、温室効果ガスの大口排
出事業者を被申立人として、排出抑制を求める調停を公調委に申し立てた事件が有名で
ある。同委員会が下した、却下決定の取消しを求める訴訟が提起されたが、請求は却下
ないし棄却されている。申立側のコメントとして、市野綾子「地球温暖化問題は公害調
停で救えないのか：公害調停申請却下取消訴訟の報告」環境と正義2012年9月号5頁以
下、片口浩子「生活環境被害調停申請却下決定取消請求訴訟（シロクマ訴訟）東京地裁
判決」環境と正義2014年12月号6頁以下、吉田理史「シロクマ訴訟 控訴審判決」環境
と正義2015年8/9月号10頁以下参照。筆者は、環境基本法2条3項にいう「事業活動そ
の他の人の活動に伴って生ずる相当範囲にわたる大気の汚染」に温室効果ガス排出によ
る地球温暖化を含めて解釈できると考えている。北村喜宣「地球温暖化は大気汚染か？：
環境基本法における「公害」」同『環境法改革の発想：自社の環境対応に効く100の分
析視角』（レクシスネクシス・ジャパン、2015年）16頁以下参照。

20　公害紛争処理法をめぐるいくつかの論点の検討については、『公害紛争処理制度に関す
る懇談会報告書』（2015年6月）、六車明「環境基本法の下における裁判外紛争解決手続の
在り方：環境破壊の事前防止の観点からの検証」法書時報52巻12号（2000年）1頁以下参照。
　　多くある論点のひとつとして、かねてより、裁定に実質的証拠能力を認めるようにす
べきという主張がある。大塚・前註（6）書476頁、原田尚彦『環境法〔改訂版〕』（弘
文堂、1994年）64頁。しかし、行政庁が関係する紛争処理ではなく、民事紛争処理手
続において職権調査制度を維持したままにそうした効力を認めるのは、被申請人との関
係で公平性を欠くだろう。北村・前註（3）書259頁参照。また、民事調停法の調停同
様に確定判決と同一効力を認めるべきという主張もある。大塚・前註（6）書476頁参照。
しかし、それにより手続の柔軟性が失われることから、そうした効力を付する意義は大
きくないと思われる。この点については、前出の『公害紛争処理制度に関する懇談会報
告書』参照。いずれもより本格的な検討が必要であり、筆者も研究を深めたい。

13

Part 1

第2章
行政の環境配慮義務と要件事実

〔要旨〕
　環境配慮に関する明文規定が根拠法にない場合であっても、許認可に係る事業が相当の環境影響を発生させると予想されるのであれば、行政庁には、環境配慮をする法的義務があるか。規定の欠缺は、配慮の禁止を意味するわけではない。相当の影響が予想される場合には、環境基本法19条にもとづいて、影響の程度との相関関係で配慮が義務づけられると解される。しかし、配慮の程度については行政庁の裁量が大きく認められる。この裁量権を制約するための理論的検討が環境法学の課題である。

第1部 環境配慮の法理論

1 「本案審査の時代」における理論的可能性

(1)「環境配慮」と法的根拠

　環境に影響を与える事業に対する許認可が抗告訴訟で争われる場合、従来は、原告適格の厚い壁が存在していた。このため、行政の裁量判断において環境配慮をする必要があるのか、あるとして適切な環境配慮がされたのかにまで司法審査が及ぶことは少なかった。第三者訴訟における原告適格拡大を企図する2004年の行政事件訴訟法改正は、この状況を大きく変える。第三者にとっての侵害処分を争う環境行政訴訟において、「本案審査の時代」がようやく到来したのである[1]。

　環境価値の重要性については、ますます社会的認知が高まってはいる。しかし、それが法律に的確に反映されているというわけでは必ずしもない。許認可の根拠法規には、行政庁に対して環境配慮（申請に係る計画や事業が環境に対して与える影響を配慮して判断をすること）を明確な形で義務づけているものもあれば、明確な規定を持っていないものもある。もっとも、明文規定がなくても、環境影響評価法33条が規定するいわゆる「横断条項」によって、配慮が義務づけられる場合がある[2]。環境影響評価条例についても、そうした配慮義務づけが解釈上求められることもありうる。ただ、義務づけられているとしても、その配慮の程度や手続に関しては、明確な判断枠組みがあるわけではない。

(2) 明文規定がないなかでの環境配慮

　一方、明示的規定がない法律であっても、考慮が禁止されているとまで解することはできない。法律のなかに環境配慮条項があるかどうかについては、

1　行政事件訴訟法改正が環境行政訴訟に与える影響については、主として、原告適格と処分性という訴訟要件について議論されており、本案審査への影響については、まだ十分な認識が持たれていないように思われる。橋本博之「原告適格論と仕組み解釈」同『行政判例と仕組み解釈』（弘文堂、2009年）123頁以下・142～143頁も参照。

2　「横断条項」については、大塚直『環境法〔第3版〕』（有斐閣、2010年）270頁以下、北村喜宣『環境法〔第4版〕』（弘文堂、2017年）320頁、環境庁環境影響評価研究会『逐条解説環境影響評価法』（ぎょうせい、1999年）（以下、「逐条解説」として引用。）174頁参照。

原告適格の根拠となるような文言を置くかどうかと同様に、偶然的要素があるからである。「明文規定がない」ことは、一般的には、考慮の禁止を意味するものではないのである。

　ただ、明文の根拠がないなかで、事業者に対して権利制約的効果を有する法規範を導出することは、法治主義との間で緊張関係をもたらすことになる。したがって、環境配慮のための考慮を必要と解するためには、理論的根拠が提示される必要がある。

　その作業を経て、評価的要件が確定する。そのうえで、原告としては、その根拠を踏まえ、評価根拠事実をもとに、環境配慮がされていないことにより法的利益が侵害されることを示す必要がある。環境に影響を与える許認可の根拠法は、必ずしも「環境法」というわけではない。むしろ、「開発法」である場合が多いのではないだろうか。明文の配慮規定がない法律に環境配慮義務という横串を通すことは、環境法理論の大きな課題である。法律の制度趣旨を解釈により明らかにすることによって、行政訴訟における要件事実論に対する理論的寄与が可能になる。

　本章においては、第三者訴訟の原告適格は認められていることを前提にする。そして、第1に、明文の配慮規定がない法律を念頭に置いて、そのなかに行政の環境配慮義務を認めうるか、配慮不十分ゆえの違法を主張する側はどのような事実を提示すればよいのかについて、試論的に検討する。もちろん、立法による解決が望ましいのはいうまでもない。しかし、そうした対応は不確実であるし、明文規定がなかったとしても、環境に影響を与える行政処分の違法性を司法審査する必要性は低くはならない。

　行政事件訴訟法9条2項によって、解釈指針が明確にされた。その結果として、原告適格が緩和されつつある現在であるからこそ、本案判断の枠組みを本格的に検討するべきである[3]。本章の重点は、ここに置かれる。

3　高橋滋「環境訴訟と行政裁量」ジュリスト1015号（1993年）112頁以下・115頁は、改正前の行政事件訴訟法のもとでの判例状況について、「訴訟の間口を裁判所が狭め、実体審理に入ることを容易に認めないのも、実体審理の基準となる裁量統制法理は未成熟の状態にあるから」と評していた。

第1部│環境配慮の法理論

　第2に、環境配慮条項を含む処分根拠法規や環境アセスメント法制のもとでの明示的な法的リンケージによって環境配慮が求められる場合において、原告はどのような主張立証をすべきであるのかを検討する。明示的規定があれば根拠論は不要になるが、その場合でも、主張立証責任を考える意味はある。明示的規定の形式が、主張立証責任を考えたうえで決められているわけではないからである。

2　行政の環境配慮義務の法的根拠

(1) 判例・学説の状況

　行政処分により影響を受ける環境に対する配慮が行政に一般的に義務づけられることについては、多くの学説の指摘がある。特段の法的根拠をあげることなくこれを主張するものもあるが[4]、最近では、「国は、環境に影響を及ぼすと認められる施策を策定し、及び実施するに当たっては、環境の保全に配慮しなければならない。」と規定する環境基本法19条にその根拠を求める見解が多い[5]。

4　芝池義一『行政法総論講義〔第4版補訂版〕』（有斐閣、2006年）86頁は、行政処分において考慮すべき事項を議論するなかで、「公害防止・環境保全は、考慮が強く要請される事項」とする。同「行政決定における考慮事項」法学論叢［京都大学］116巻1＝6号（1985年）571頁以下・598頁は、「普遍的考慮事項」として、「公害防止・環境保全」を整理する。芝池のいう「普遍性」を実定法解釈により論証しようとするのが、本章の目的のひとつである。そのほか、高橋・前註（3）論文115頁、遠藤博也『実定行政法』（有斐閣、1989年）200頁、北村喜宣「環境法における公共性」同『環境政策法務の実践』（ぎょうせい、1999年）3頁以下・8頁、桑原勇進「判批」自治研究84巻11号（2008年）126頁以下も参照。

5　大塚・前註（2）書63頁・238頁、北村・前註（2）書106～107頁、阿部泰隆「原告適格判例理論の再検討と緩和された「法律上保護された利益説」の提唱」同『行政訴訟要件論：包括的・実効的行政救済のための解釈論』（弘文堂、2003年）37頁以下・62～63頁、佐藤泉＋池田直樹＋越智敏裕『実務環境法講義』（民事法研究会、2008年）23頁［佐藤執筆］、越智敏裕『環境訴訟法』（日本評論社、2015年）377頁、畠山武道『自然保護法講義〔第2版〕』（北海道大学図書刊行会、2004年）30頁参照。石井昇「行政契約」磯部力＋小早川光郎＋芝池義一（編）『行政法の新構想Ⅱ　行政作用・行政手続・行政情報法』（有斐閣、2008年）93頁以下・102頁は、行政契約の実体的規制法理として、環境基本法19条に、平等原則などと並ぶ具体的法規範性を見出している。民事法的視点から

18

第2章　行政の環境配慮義務と要件事実

　同条については、行政計画の策定や公共事業の実施を対象にしたものであり、行政処分には適用がないという理解もありうる[6]。たしかに、行政計画や公共事業は環境に大きな影響を与える蓋然性が高いし、何よりも行政自身の事業であるから、率先垂範的意味でも、事業主体としての行政に配慮義務を課すことは適切である。しかし、それらに限定すべき合理性はない。環境基本法19条の解釈としては、「施策」には立法も、そして、「実施」には広く行政決定が含まれると解すべきではないだろうか。行政決定には、行政計画策定や公共事業の実施決定、さらには、法律の実施としての個別処分が含まれるのである[7]。

　裁判においてこの論点が問題となったものは、それほど多くない。廃棄物処理法の許可基準とは別に環境基本法19条にもとづく環境配慮義務の存在を理由に不許可処分の「適法性」を被告知事側が主張した釧路市産廃処分場事件判決（札幌高判平成9年10月7日判時1659号45頁）において、裁判所は、環境基本法それ自体が政策誘導機能を有するにすぎず行政の行為規範を規定するものではないという理由で環境配慮義務を否定した。この事件は、第1次分権改革以前の機関委任事務時代において、（おそらくは、厚生省（当時）の見解とは異なって、）被告北海道知事が環境配慮義務を主張した特異な事例であるが、一般には、原告住民側が環境基本法を援用している。19条以外の条文

の整理として、小賀野晶一「環境配慮義務論」環境管理42巻5号（2006年）53頁以下参照。公共事業の差止めが求められた民事訴訟において、行政の環境配慮義務をおそらく認めつつ、十分な配慮がされていることを理由に請求を棄却した裁判例として、岐阜地判平成6年7月20日判時1508号29頁参照。港湾法にもとづく港湾工事において、同法1条が「環境の保全に配慮しつつ」と規定することをおそらく理由のひとつとして、工事に際して環境配慮義務を認めた裁判例として、東京高判平成20年7月30日（判例集未登載）参照。

6　環境省総合環境政策局総務課（編著）『環境基本法の解説〔改訂版〕』（ぎょうせい、2003年）（以下、「基本法解説」として引用。）209〜212頁は、そのように解しているようにみえる。1970年代半ばにおける議論であるが、塩野宏『国土開発』（筑摩書房、1976年）173〜179頁は、そうした立場に立っていた。

7　大塚・前註（2）書238頁は、「行政処分」を含むと解している。筆者もそのように解してきた。北村・前註（2）書107頁、同・前註（4）論文8頁、同「環境基本法：制定の意義と今後の課題」法学教室161号（1994年）47頁以下・52頁参照。

第1部｜環境配慮の法理論

をあげて行政決定の違法性を主張した場合であっても、基本法という同法の性格のゆえにか、そこに行為規範性を見出す裁判例はない（福岡地判平成10年3月31日判時1669号40頁、横浜地判平成13年6月27日判自254号68頁参照）。

（2）日光太郎杉事件控訴審判決の示唆

理論的には、環境基本法19条が、いわゆる創設規定なのか確認規定なのかを検討する必要がある。この点については、国の上告断念を受けて確定した日光太郎杉事件控訴審判決（東京高判昭和48年7月13日行集24巻6・7号533頁）が、検討の手がかりを与えてくれる。

同判決は、道路建設という公共事業をめぐるものであったが、「事業計画が土地の適正且つ合理的な利用に寄与するものであること」という土地収用事業認定要件のひとつ（土地収用法20条3号）に関して、収用対象地の私的・公共的価値や諸価値の比較衡量にもとづく総合判断をすべきとした。裁判所は、「景観、風致、文化的諸価値」「環境」を社会的に価値あるものとして実質的判断をしている。「適正且つ合理的な利用」とは、いわば当然の考慮要素であり条理ともいえるが、そのなかに環境を含めているのは、配慮すべき価値のあるものが事実として存在する場合には、当該環境への適正な配慮が法的義務となることを示したものといえる。本判決の重要な点は、人間の生命・健康への影響とは一応無関係の「環境への影響」それ自体が法的に保護される公共的価値と整理したことにある。この判断からは、環境に影響を与える事実行為を適法化する行政決定にあたっては、影響を受ける環境の内容との関係で、影響を許容する必要性があるかを検討する義務が行政にあるという一般法理が導出できる。このことは、（義務の程度に差はありうるかもしれないが、）公共事業であっても民間事業であっても変わることはないと解される。

その判断の枠組みは、「本来最も重視すべき諸要素、諸価値を不当、安易に軽視し、その結果当然尽すべき考慮を尽さず、または本来考慮に容れるべきでない事項を考慮に容れもしくは本来過大に評価すべきでない事項を過重に評価し、これらのことにより……判断が左右されたものと認められる場合には、……裁量判断の方法ないしその過程に誤りがあるものとして、違法となる」

第2章 行政の環境配慮義務と要件事実

という判示部分にみることができる。裁判所の審査の厳格さは、影響を受ける環境価値の「社会的重要性」との相関関係にあると考えられる[8]。日光太郎杉事件控訴審判決は、行政裁量の手続的統制方式のモデルとして理解される場合が多いが、環境法的には、一種の比例原則を踏まえた行政の環境配慮義務を認めたものとしても理解することができる[9]。要件事実論の観点からは、裁判所が示した多様な考慮要素をどのように整理するかが課題になる。

（3）判例法理としての環境配慮義務

日光太郎杉事件控訴審判決は、その後の裁判例にも大きな影響を与えた[10]。最高裁も、小田急線高架事業事件本案判決において、行政判断の「基礎とされた重要な事実に誤認があること等により重要な事実の基礎を欠くこととなる場合、又は、事実に対する評価が明らかに合理性を欠くこと、判断の過程において考慮すべき事情を考慮しないこと等によりその内容が社会通念に照らし著しく妥当性を欠くものと認められる場合に限り、裁量権の範囲を逸脱し又はこれを濫用したものとして違法となる」と述べる（最1小判平成18年11月2日民集60巻9号3249頁）。この判示の前提には、日光太郎杉事件控訴審判決の判断枠組みがあるものと推測される。「社会通念に照らし著しく妥当性を欠く」という要件は、一種の比例原則を示したものであるといえるにしてもいささか厳格にすぎるが、行政決定によって影響を受ける環境に対する評価や影響の程度の評価を合理的に行う義務があることが判例法理となった意義は

---

8 芝池義一「大規模プロジェクトと計画法」公法研究53号（1991年）174頁以下・180頁は、「土地の適正且つ合理的な利用」条項のなかに、環境保全の考慮を含めている。小澤道一『逐条解説土地収用法〔第2次改訂版〕』（ぎょうせい、2003年）341頁は、比較にあたって決め手となる絶対的基準はないとする。

9 環境法における比例原則に関しては、北村喜宣「古い革袋に新しい酒を！：環境比例の原則」同『自治力の逆襲』（慈学社出版、2006年）35頁以下、桑原勇進「環境と安全」公法研究69号（2007年）178頁以下・181〜182頁参照。

10 たとえば、大津地判昭和58年11月28日行集34巻11号2002頁、東京地判昭和59年7月6日行集35巻7号846頁、東京高判平成4年10月23日判時1440号46頁、東京地判平成5年11月29日判自125号65頁、名古屋地判平成7年12月15日判自152号101頁、秋田地判平成8年8月9日判自164号76頁、札幌地判平成9年3月27日判時1598号33頁参照。

第1部 環境配慮の法理論

大きい。

小田急事件は、騒音による健康被害や生活環境被害が問題となった事案であった。しかし、自然環境や文化的環境への影響が問題になる場合にも、判例法理の射程は及ぶものと解される。事実誤認については、影響を受ける環境要素のうち重要なものを見落としたかどうかなどが問題とされよう。事実評価の不合理については、重要な環境要素を不当に軽視したことなどが問題とされよう。義務的考慮要素の不考慮については、前2者とも重なるが、環境の状況やそれへの負荷が健康や生活環境に与える影響の大きさとの相関関係で、環境に対する影響を適切に考慮したかが問われる。それにあたっては、後にみるように、法定計画における環境の位置づけが大きな意味を持つ。

(4) 原告適格拡大の影響

小田急事件本案判決は、同大法廷判決（最大判平成17年12月7日民集59巻10号2645頁）の原告適格判断を受けてのものである。大法廷判決は、騒音による健康や生活環境に係る利益を重視して、著しい被害を直接的に受けるおそれがある者に原告適格を認めた。本案判決は、これを受けて、鉄道事業に伴う騒音、振動等によって事業地の周辺地域に居住する住民に健康または生活環境に係る著しい被害が発生することのないよう被害防止を図ることが要請されているとしている。原告適格判断と本案における違法性判断とは、理論的には別物であるが、原告適格判断の枠組みが行政の行為規範に影響を与えるという新しい現象を観察することができる。

この「要請」がどのような法的根拠にもとづくかは、判決からは必ずしも明らかではない。こうした被害は生活環境の悪化を介して現れるものであるから、結局のところ、一般的には、環境配慮が判例法として求められていると整理できるのではないだろうか[11]。

11　南博方「行政処分概念の動揺」同『行政手続と行政処分』（弘文堂、1980年）138頁以下・154頁は、制定法整備が早急に実現されない現状を踏まえて、「環境配慮義務、とくに生命健康を中心とする人格配慮義務が、一般信義則の要求として判例法上確立される必要がある。」としていた。

（5）環境基本法19条の法的性質

　現在では、こうした法理は、ひとつには、環境基本法19条の「国の環境
配慮義務」として明記されていると解される。環境基本法については、政策
の誘導指針にすぎないと解する考え方もあるが、実証性に欠ける。たしか
に、「努めなければならない。」（16条4項）とか「努めるものとする。」（18条）
と規定されていればそうした理解も可能であるが、「国」を主語としたうえ
で「配慮しなければならない。」と規定する同法19条の文言は、訓示規定と
は明らかに一線を画する。政府も、19条に関して、「『しなければならない。』
がその実行、実現そのものを義務づけている」[12]と解している。基本法全体
については、「新しい価値観が、法律も基本法というような法律で成立をい
たしたわけですから、今までその価値観以前にとられていた法制なり行政な
りというものは、それは影響を受けるということは当然」[13]とされている。

　考慮の程度や手続の選択にあたっては裁量があるが、少なくとも行為規範
性それ自体は肯定できる[14]。抽象的義務ではなく、「裁量余地の大きい具体
的義務」なのである。環境基本法の解釈にあたっては、条文ごとの判断が必
要である。先にみた釧路市産廃処分場事件高裁判決は、法律の全体的性格を
個別条文の法的性格に無自覚にスライドさせており、理解が大雑把にすぎる。

　環境基本法19条については、環境権との関係における整理も重要である。
いわゆる環境権については多くの議論があるところであるが、最近では、これ
を裁判上主張できる個人権として理解する考え方は少なくなってきている[15]。
環境に関する利益は、排他独占的に分有できない集合的・共同的なものである。

12　第126回国会衆議院環境委員会議録9号（1993年4月27日）31頁［八木橋惇夫・環境
　　事務次官答弁］。

13　第126回国会衆議院環境委員会議録12号（1993年5月18日）7頁［宮澤喜一・内閣総
　　理大臣答弁］。その一方で、基本法解説・前註（6）書209頁は、政策指針とみているよ
　　うにも思われる。笠井俊彦「環境法制の推移と環境基本法の概要」法律のひろば47巻3
　　号（1994年）33頁以下・38頁も参照。

14　北村喜宣「判例にみる環境基本法」同『分権政策法務と環境・景観行政』（日本評論社、
　　2008年）139頁以下・142〜145頁参照。

15　環境権をめぐる議論については、「〔環境法セミナー①〕環境権」ジュリスト1247号
　　（2003年）、「〔特集〕憲法における環境規定のあり方」ジュリスト1325号（2006年）参照。

第1部｜環境配慮の法理論

同法3条は、「環境を健全で恵み豊かなものとして維持することが人間の健康で文化的な生活に欠くことのできないものであること」、「現在及び将来の世代の人間が健全で恵み豊かな環境の恵沢を享受する」ことができるようにしなければならないと規定する。環境省は、これをもって、「いわゆる環境権の趣旨とするところは、法案〔現行法3条のこと・筆者註〕に的確に位置づけられている。」[16]としている。ここで観念されているのは、個人権としての「環境権」ではなく、社会全体としての「環境公益」とでもいうべきものであろう[17]。憲法上の根拠を求めるとすれば、それは、モデル的に示せば、13条・25条と22条・29条を、12条を媒介として社会全体に調整した結果といえよう（もちろん、環境に影響を与える行為をする側にも、13条や25条にもとづく権利は保障されるが、ここでは、モデル的に対立するものとして把握する）。社会全体での調整であるから、その具体的内容は、個別民事訴訟ではなく、後にみるように、個別法や個別計画を通して民主的に決定される。そして、その実現が、行政に信託されているのである。行政は、環境に影響を与える行為をするにあたって許認可を求める側の利益にのみ配慮するのではなく、影響を受ける環境についても配慮しなければならない。とりわけ個別法が明文の規定を欠いている場合でも、それは環境への配慮を否定しているわけではないのであって、配慮は他事考慮にはならない[18]。それを通則的に表現したものが、環境基本法19条であると解される[19]。これが、行政の環境配慮義務のコア部分を構成する。

環境基本法20条が規定する環境影響評価制度は、行政決定内在的配慮を求めている。そこでは、19条の持つ横断的性格が、制度的に反映されている。また、同制度の対象とはならないけれども、個別法に環境配慮条項が規定されている場合もある。これらは、それぞれの法律に関して、この一般的な環

---

16 基本法解説・前註（6）書98～99頁。倉阪秀史『環境政策論〔第3版〕』（信山社出版、2014年）103頁は、「〔環境権の〕考え方を具体化したものが環境基本法第3条である。」と理解する。

17 北村喜宣『プレップ環境法〔第2版〕』（弘文堂、2011年）96～102頁参照。

18 行政法解釈のあり方については、阿部泰隆『行政法解釈学Ⅰ』（有斐閣、2008年）45～48頁参照。

19 北村・前註（14）論文145頁参照。

24

第2章 行政の環境配慮義務と要件事実

境配慮義務が確認的に具体化されたものと考えることができる。

一方、このような規定を持たない法律もあるが、それにもとづく行政処分が環境にそれなりの影響をもたらす結果となる場合には、その程度に応じて、環境配慮をすることが法的に求められると解される。処分の根拠法規を通してというのではなく、それを規定する法律の制度趣旨から直接に求められるのである。環境基本法19条は、「政府は」ではなく「国は」と規定する。法令用語としての「国」は、国会をも含む趣旨である[20]。

このように考えると、現在においては、同条の規定は、環境に影響を及ぼす行政決定についてのコアとなる行為規範と整理できる。処分の根拠法規が規定される法律の制度趣旨は、同条を踏まえて解釈されるべきである。

（6）環境基本条例の重要性

環境基本法は、国の事務事業の行政による実施に関するものである。第1次分権改革以前であれば、機関委任事務制度が存在したから、自治体行政庁が許認可権限を持つ事務であっても、同法19条の規律が及ぶということができた。しかし、現在では、機関委任事務制度は廃止され、同事務のほとんどは、自治体の事務となっている。

したがって、より直接的には、先にみた判例法理がそれぞれの自治体の環境基本条例における環境基本法19条相当規定（例：大阪府環境基本条例7条）により具体化され、環境に影響を与える処分にあたって、行政には環境配慮義務があるものと解される。むしろ、自治体の事務化によって、自治体条例の解釈が重要になってきているといえる。

（7）環境配慮義務の具体的内容

環境配慮が重要であるといっても、それだけでは内容が茫漠としている。環境については様々な価値判断が伴うものであるから、何の手がかりもなく、行政に配慮を求めるわけにはいかない。生命・健康のような人格権の場合よ

---

20 基本法解説・前註（6）書154～155頁参照。

りも、より多様な、そして、より多くの主張立証が必要になる。

この点で示唆的なのは、国立市大学通りマンション事件最高裁判決である（最1小判平成18年3月30日判時1931号3頁）。本件では、いわゆる景観利益が問題となったが、最高裁は、「景観利益の保護とこれに伴う財産権等の規制は、第一次的には、民主的手続により定められた行政法規や当該地域の条例等によってなされることが予定されている」と判示した。

要件事実論の観点からは、「民主的手続により定められた」という部分に注目したい。すなわち、ある地域において求められる環境管理の内容は、法律や条例の本則のみならず、それに根拠を有する計画（環境基本計画、地域環境管理計画など）によっても確定されうるのである。計画において評価的性質を帯びて記述される環境のあり方は、「裸の利益」ではなく、「環境公益」と考えることができる。その「重さ」は、対象となる環境資源の客観的重要性もさることながら、講じられた「民主的手続」の充実度にも影響を受ける。

環境公益への配慮には、実体的なものと手続的なものとが考えられる。実体的配慮は、計画内容などに影響を受けることになろう。手続的配慮については、行政裁量がより大きくなる。

3 環境配慮の方法と程度

(1) 環境配慮が求められる様々な場合

環境配慮に関しては、①特段の規定・制度がない場合、②処分の根拠法規に何らかの規定がある場合、③環境影響評価法・条例の（「横断条項」の）対象となる場合、に分けることができる。環境基本法19条に法規範性を見出す解釈を前提にした場合、それぞれの場合について、どのような内容をどの程度立証すればよいかが問題となる。

(2) 処分の法的性質と要件事実

環境に影響を与える許認可には、伝統的行政法学の整理でいえば、特許的性質を持つと考えられているものと警察許可的性質を持つと考えられている

ものがある。このような単純な二分論が妥当であるかどうかはさておき、こ
こでは、これまでの整理を踏まえて、こうした法的性質の違いが、第三者訴
訟として提起される取消訴訟において、要件事実を考える際にどのような影
響を与えるのかを検討する。いずれの性質を持つ処分であっても、被害を受
けると主張する第三者との関係では、侵害処分となる。

　特許的であれば、申請者の側にそもそも当該行為をする自由はないと整理
するから、その相対的関係において、なお裁量余地は大きいものの、行政の
環境配慮義務は強くなる。警察許可的であれば、理論的には、その逆という
ことになる。しかし、警察許可的であっても、環境への影響が大きい場合で
あって当該環境に関して法定計画が策定されておりそこで一定の評価がされ
ているような場合には、それとの相関関係において行政の環境配慮義務も強
くなると考えるべきであろう。

(3) 特段の規定・制度がない場合

(a) 行政の環境配慮

　環境影響評価法や環境影響評価条例の対象事業になっておらず、許認可の
根拠法規に環境配慮条項がない法律のもとでの行政処分を行政訴訟で争う場
合、原告は何を主張立証すればよいのだろうか。たとえば、採石法33条の
4や砂利採取法19条には、それぞれ「公共の福祉に反すると認めるとき」と
いう消極要件はあるものの、「環境に対して適正な配慮がされていないと認
めるとき」というような明示的規定はない。

　これまで論じてきたように、こうした場合には、環境基本法19条や環境
基本条例の同条相当規定によって、許認可処分をする行政に対して、申請に
係る行為の環境影響について配慮が求められると考えられる。どの程度の配
慮ならば適正かについての判断にあたっては、行政に大きな裁量が認められ
る。しかし、それは、決して無制約ではなく、影響を受ける環境の状況に影
響を受ける。すなわち、改変を受ける環境が法定の指針や計画の対象となっ
ており、そのなかである程度具体性を持つ記述がされているなど制度的に認
知されている場合には、処分にあたって、それに対する配慮をする義務があ

第1部 環境配慮の法理論

る。たとえそうした状況になくても、たとえば、傑出した地域的環境資源として広く社会的に認知されているようなものの場合には、やはりそうした配慮は義務として求められる。この配慮義務が、評価的要件となる。

(b) 当事者の主張立証責任

環境配慮がされていないことを違法理由として処分の取消しを求める訴訟において、原告にはどのような主張立証責任が発生するだろうか。この処分は、名宛人でない第三者原告にとっては侵害的処分となる。主張立証責任の内容は、原告に関する利益状況によって異なるだろう。

訴訟物は、当該処分の違法性である。請求原因は、被告行政が法的に求められる環境配慮義務を果たしていないことになる。

処分の対象となっている開発行為が原告の近隣において実施されるような場合を考えてみよう。原告は、たとえば、以下のような評価根拠事実を主張することになろう。①当該行為の規模や継続的になされる事業の内容、②当該行為の予定地環境に関する環境関係計画の内容とその策定状況、③予定地環境の社会的評価の存在。

そのうえで、原告は、たとえば、以下の諸点について主張立証責任を負う。①行政は予定地環境に関する環境関係計画の具体的記述やその社会的評価に対する配慮を欠いていること、②適正な配慮をするための手続を欠いていること、③配慮がされていれば最終的な判断に影響を与えた可能性があること、④原告の利益を侵害するおそれ（原告適格判断の場合よりも、程度は高くなる。以下、同じ。）があること。以上の点については、侵害処分の場合の原則に従って、基本的に、原告に主張立証責任がある。原告は、これらを踏まえて、処分は違法と指摘する。

これに対して、被告行政は、処分の適法性の具備に関して、たとえば、以下のような評価障害事実を抗弁として主張する。①根拠法規が規定する明文の処分要件に適合していること、②原告が主張する環境関係計画や予定地環境の社会的評価にも配慮をしており、また、③原告の利益侵害のおそれもないこと。

28

（4）処分の根拠法規に規定がある場合

（a）行政の環境配慮審査義務

　処分の根拠法規に規定がある場合においても、要件事実を考える際の枠組みは、基本的には、同様である。もちろん、規定が存在するのであるから、その規定が基準にはなる。たとえば、森林法は、林地開発許可の基準のひとつとして、「当該開発行為をする森林の現に有する環境の保全の機能からみて、当該開発行為により当該森林の周辺の地域における環境を著しく悪化させるおそれがあること。」（10条の2第2項3号）と規定する。ここでは、申請にかかる開発行為に関して、周辺地域の環境を著しく悪化させるおそれがないような措置が講じられているかどうかを都道府県知事は審査する義務を負っている。

　林地開発許可においては、行政の環境配慮審査義務が、上記条文によって具体化されていると考えられる。森林法は、そのほかにもいくつかの基準を法定しているが、そのいずれにも該当しないときには、申請を「許可しなければならない。」と規定している。条文上は、要件が充足された以上は、効果裁量はない。「著しく悪化」はしないけれども「それなりに悪化」する程度であれば、許可はされることになる。本件許可は、民有林の開発に関するものであるが、財産権に対する配慮が大きくなっている。なお、「著しく悪化」とは、相対的概念である。同一の開発面積であったとしても、地域森林計画の記述内容（5条2項）や周辺地域の環境との関係で、開発許可対象となっている森林の伐採の影響は、大きくもなり小さくもなる[21]。

　公有水面埋立法は、都道府県知事がする埋立免許の基準のひとつとして、「環境保全…ニ付十分配慮セラレタルモノナルコト」（4条1項2号）と規定している。そのために、申請者は、「環境保全に関し講じる措置を記載した図書」（同法施行規則3条8項）を添付しなければならないとされている。規模の大きな埋立ての場合には国土交通大臣認可が必要になり、それにあたっては、

21　林地開発許可については、森林法制研究会『改訂森林法　森林組合法』（第一法規出版、1980年）43〜57頁、森林保全研究会『改訂林地開発許可制度の解説：一問一答』（1996年）28〜33頁も参照。

第1部 環境配慮の法理論

環境保全の観点からの環境大臣への意見照会が義務となっている（47条2項）。

（b）当事者の主張立証責任

第三者訴訟の原告が主張立証すべき要件事実は、①許認可根拠法の制度趣旨や処分の根拠条文によって命じられている環境配慮審査が十分にされていないこと、②それがされていれば最終的な許認可判断に影響を与えた可能性があること、である。これらを踏まえて、処分は違法であると指摘する。

これに対して、被告行政は、処分の適法性の具備に関して、①許認可根拠法の制度趣旨や処分の根拠条文によって命じられている環境配慮義務を履行していること、②原告の利益侵害のおそれもないこと、を抗弁として主張する。

（5）環境影響評価法・条例の（「横断条項」の）対象となる場合

（a）行政の環境配慮

環境影響評価法は、対象事業に関してなされた環境アセスメントの評価書が、当該事業に係る許認可において考慮されるべきことを規定する（33条）。許認可根拠法規の要件効果の規定ぶりは法律によって異なるけれども、いずれの場合においても、評価書の評価を通じた環境配慮を義務づけている。「横断条項」と呼ばれるゆえんである[22]。

（b）当事者の主張立証責任

環境影響評価法の対象事業に関する許認可の第三者取消訴訟において原告が主張立証すべき要件事実は、①申請にかかる計画が環境の保全について適正な配慮がされているかどうかを処分庁が評価書を踏まえて判断していないこと、②それがされていれば最終的な許認可判断に影響があったこと、である。評価書の作成手続や内容について処分庁がどこまで独自の審査ができるかという論点もある。

これに対して、被告行政は、処分の適法性の具備に関して、①評価書を踏

---

22 大塚・前註（2）書270頁以下、北村・前註（2）書320頁、逐条解説・前註（2）書174頁参照。

まえて環境の保全に対して適切な配慮をしている、②原告の利益侵害のおそれもない、と抗弁において主張する。

都道府県の環境影響評価条例のなかには、法律にもとづく知事の許認可権限行使にあたって、評価書の内容に配慮することを義務づけるものがある（例：鳥取県環境影響評価条例49条1項）。法律にもとづく許認可権限が自治体の事務となった現在、環境影響評価条例のこの部分を法律実施条例と解して、許認可判断において環境配慮を義務づけることは可能である[23]。その際の主張立証については、環境影響評価法の場合と同様に考えられる。

4 行政の環境配慮義務と立法

本章では、処分の根拠法規に明文の環境配慮条項がない場合に、処分の第三者である周辺住民のような原告が、取消訴訟においてどのような主張立証責任を負うかを一般的に検討してきた。こうした行政の義務を解釈論によって導出することは、たしかに不可能ではない。しかし、かなりの理論的困難を伴うというのが作業の実感であった。原告適格拡大が、本案審理における環境配慮の議論にどのように影響を与えるのかについては、十分な考察ができなかったが、そこに理論的ヒントが潜んでいるのかもしれない。

法的安定性や予測可能性の観点からは、環境に影響を与える行政処分の根拠法規に、必要かつ十分な環境配慮条項が個別的に挿入されることが望ましい。しかし、現実には、それは不確実である。環境法実務に対する理論的サポートを任務のひとつとする環境法学としては、現行法状況を踏まえた解釈論を深める必要がある。それは、環境配慮条項のあり方に対しても、何らか

---

[23] 北村喜宣『自治体環境行政法〔第7版〕』（第一法規、2015年）179頁、同「成り金条項？：環境影響評価条例と法律のリンク」同『自治力の冒険』（信山社出版、2003年）98頁以下参照。この論点を意識しているかどうかは必ずしも明らかではないが、大阪地判平成20年3月27日（判例集未登載）は、大阪市環境影響評価条例39条1項を踏まえて、同条例と市長の権限に係る法定許認可との法的リンケージを肯定することを前提にしているようにみえる。神奈川県環境影響評価条例に関して同様の認識をするようにみえるものとして、横浜地判平成19年9月5日判自303号51頁参照。

第1部 ｜ 環境配慮の法理論

の示唆を与えるものと思われる。

5 環境法と要件事実

(1) 要件事実論の可能性

環境法、あるいは、行政法の研究にあたって、これまで要件事実論を正面から意識することはなかった。行政法や環境法のテキストの索引頁を開いてみても、「要件事実」というキーワードをみつけることはできないのが通例である。

民事法において定着をみせている要件事実論を、とりわけ環境行政訴訟の次元でどのように受けとめるべきかについては、必ずしも十分な整理がされているわけではない。要件事実論の考え方は、環境法理論に対して新たな検討視角を与えるように感じている。以下、環境配慮の明文規定がないケースを前提に、問題意識（であり、今後の研究課題）を記してみたい。

(2) いくつかの論点

第1は、行政の環境配慮義務を評価的要件とするために、その理論的根拠を確固たるものにする必要性である。処分の根拠条文に環境配慮規定があるかどうかは、原告適格の手がかりになる規定があるかどうかと同じように、かなり偶然的要因が強い。立法者の完全性を前提にしてはならない。論理的には、個別法のレベルを超え、それよりも普遍性が高い法的世界で配慮義務を理論化することになろう[24]。本章は、環境基本法19条に論及したが、基本法といえども通常の法律と効力は同等である[25]。そこで、理論的には、憲法なり法の一般原則なりを根拠として義務を具体的に確定したいところであ

---

24 阿部・前註（18）書47頁参照。

25 基本法に関しては、小早川光郎「行政政策過程と基本法」松田保彦ほか（編）『国際化時代の行政と法』［成田頼明先生横浜国立大学退官記念］（良書普及会、1993年）59頁以下、塩野宏「基本法について」同『行政法概念の諸相』（有斐閣、2011年）23頁以下、川﨑政司「基本法再考：基本法の意義・機能・問題性(1)～(6・完)」自治研究81巻8号48頁以下、10号47頁以下、82巻1号65頁以下、5号97頁以下、9号44頁以下、83巻1号67頁以下（2005～2007年）参照。

32

る。かねてより、比例原則に手がかりがあるように感じているが、なお論証には成功できていない[26]。

第2は、法治主義との関係をどのように整理するかである。法治主義の重視は、民事法とは大きく異なる行政法の特徴である。これは、第1の論点とも大きく関わる。具体的規定がない場合を考えると、環境配慮をしないでなされた許可処分が取り消されれば、結果的に、許可申請者の財産権に対して不利益的影響が発生する。これは、申請者に関しては不意打ちになる。しかし、そもそも不文の法規範として配慮義務があると解することができれば、理論的には問題はない。法定基準として規定されていないことは、問題にはならない。形式的法治主義ではなく、法制度の趣旨・目的を踏まえた実質的法治主義をもって解釈の基本とすべきであろう。課題は、義務の理論化になる。明文規定が設けられるのが最善であるが、それが不確定であることを考えると、解釈論の作業は継続せざるをえない。

第3は、このようにいってみても、環境配慮の実体と手続に関しては、行政庁の側に裁量がかなりある。原告の主張に対して、「それなりの配慮はした」という評価障害事実が提示されるだろう。しかし、そうであるとしても、原告の再抗弁のなかで、処分によって影響を受ける環境の客観的価値や社会的認知の状況などを主張することにより、個別の事実にどの程度配慮すべきであったか、どのような手続が講じられるべきであったかが決まり、それにより、裁量の限界を画することができるように思われる[27]。これは、当該環境の価値との相関関係、あるいは、比例関係において決定できるように考えているが、第1の点とも関係する論点である。

---

26 北村喜宣『現代環境法の諸相〔改訂版〕』（放送大学教育振興会、2013年）74 ～ 75頁参照。

27 原田尚彦『環境法〔補正版〕』（弘文堂、1994年）271頁参照。

Part 1

第3章
搬入事前協議制度の意義と課題

〔要旨〕
　産業廃棄物の最終処分場を抱える自治体のなかには、域外搬入にあたっての事前協議を制度化しているところがある。廃棄物処理法の数次の改正による規制強化にもかかわらずこうした実態がある背景には、同法の規制システムに対する不信感がある。もっとも、搬入を許可制にするのは違法である。そこで、手続的なハードルを課すことによって、それなりに信頼できる処理体制が実現できるようにしているのである。事前協議制度には、廃棄物処理法の不十分さを補完する機能がある。

第1部 環境配慮の法理論

1 自衛としての事前協議

　自区域外で発生する産業廃棄物（域外産廃）が搬入され自区域内で最終処分される場合、「廃棄物の処理及び清掃に関する法律」（廃棄物処理法）のもとで産業廃棄物処理規制権限を有する自治体（都道府県・政令市）が排出事業者に対して何らかの法的関与を制度化する事例が、1990年代以降、増加していた[1]。域外産廃搬入規制は、中間処理施設・最終処分場の許可申請に先立つ事前手続[2]や処分先処理施設の現地確認と並ぶ、廃棄物処理法に関する自治体法政策の代表例である。

　環境省の2002年調査によれば、47都道府県のうち32団体（68％）、51政令市のうち29団体（57％）が、条例・要綱にもとづいて、何らかの事前チェック制度を設けていた。公益社団法人リース事業協会が2015年6月に公表した調査結果によれば、都道府県のうち34団体（72％）、65政令市のうち28団体（43％）となっている。

　廃棄物処理法が同法の目的の実現のために「必要かつ十分」な内容を規定していると自治体が考えるのであれば、こうした制度が創設されることはなかったであろう。同法が想定しない仕組みを自治体が条例や要綱を制定してつくらざるをえなかったのは、同法の不完全性を裏側から示していたのである。搬入規制は、自治体なりの「自衛策」であった。

　もちろん、国も手をこまねいていたのではない。廃棄物処理法は、1990年代以降、1997年、2000年、2003年、2004年、2005年、2006年、2010年、2015年、2017年と改正を重ねてきた[3]。それにもかかわらず、域外産廃搬入規制のための搬入事前協議制度は依然として存在し、これを全面廃止する動きはみられ

1　北村喜宣「域外発生産業廃棄物搬入規制の論理」同『揺れ動く産業廃棄物法制』（第一法規出版、2003年）107頁以下参照。

2　北村喜宣「産業廃棄物最終処分場をめぐる協議システム」北村・前註（1）書118頁以下、同「生活環境影響調査と環境影響評価」同書128頁以下参照。

3　2015年改正までのポイントについては、北村喜宣『環境法〔第4版〕』（弘文堂、2017年）504頁〔図表14.11〕参照。

ない。これは、法律改正による制度改善努力を評価しない不当な姿勢なのだ
ろうか。それとも、法改正の不完全性がなお解消されていないがゆえの結果
なのだろうか。本章では、搬入事前協議制度が現行廃棄物処理法のもとでど
のような意義と課題を持っているのかについて、2014年当時の状況を踏まえ、
若干の検討を行う。

2 制度の目的

　環境新聞編集部は、産業廃棄物搬入事前協議制度に関する自治体アンケー
ト調査を実施した。その結果によれば、提示された選択肢のうち、制度目的
としては、「不法投棄対策」と「域外廃棄物の流入抑制」がほぼ同数選択され
た[4]。条例・要綱の第1条目的規定には、廃棄物処理法1条にある「生活環境
の保全」「公衆衛生の向上」という文言がある場合が多い。廃棄物処理法を域
内で的確に実施するためにこの制度が設けられている事情が推測される。

3 事前協議の内容と評価

(1) 根　拠

　制度の根拠は、条例の場合と要綱の場合とがある[5]。条例により事前協議
を義務づけるのであれば、その不履行に対してサンクションを加えるのは適
法である。ところが、要綱により求めているにもかかわらず、従わない旨を
公表するとするものがある（例：埼玉県要綱21条3項、栃木県要綱12条2項）。
　要綱であるから、それにもとづいてできるのは行政指導にかぎられる[6]。埼玉

4　環境新聞編集部「域外産廃の事前協議制度調査」いんだすと29巻10号（2014年）44
　　頁以下参照。

5　搬入事前協議制度を単独で規定する例はなく、処理施設設置事前協議制度と一緒に規
　　定される場合がほとんどである。この点で、共同歩調をとって単独条例により対応した
　　青森県・秋田県・岩手県は例外的である。以下では、条例・要綱名は省略する。

6　そうであるからか、例外的に事前協議をすれば認めることがあるとしつつも、「事業
　　者等は、県の区域内において、県外産業廃棄物を処分し、又は保管してはならない。」（愛
　　媛県要綱6条）のような過激な規定ぶりもみられる。

第1部｜環境配慮の法理論

県に関していえば、同県行政手続条例は、行政指導があくまで相手方の任意の協力によってのみ実現されるものであり、従わなかったことを理由に不利益な取扱いをしてはならないと規定する（30条）。栃木県行政手続条例は、同旨の規定に加えて、正当な理由がある場合に公表できるという留保を規定する（30条3項）。

　公表には、制裁的意図を持ったサンクションである面が否定できない。これを要綱で規定するのは法治主義に反して違法である[7]。留保規定による具体的適用が適法とされる場合があったとしても、それは相当に限界事例であろうから、現実にはほとんど機能しない。住民の生活環境をまもるために事前協議が必要ならば、そして、それが何らやましいものでないならば、要綱ではなく、条例により規定するべきである。「要綱を改正して規制緩和をする」という表現は、少なくとも法的には、何の意味も持たない。自治体行政の法治主義感覚の鈍さが気になる。以下では、基本的に、条例による制度を前提にする[8]。

(2) 義務者

　ほとんどの場合、協議が義務づけられるのは、域外で産業廃棄物を発生させる事業者がその処理を域内で処理しようとする場合における当該事業者である。「その事業活動に伴い県外において産業廃棄物を生ずる事業者」（岩手県条例2条1項）という表現がされたりする。中間処理後産業廃棄物を含むと明記される場合もある（例：北海道条例24条1項、浜松市条例13条1項）。

(3) 義務内容

(a) 事　前

　域外産廃発生者には、搬入先自治体の長との事前協議が義務づけられる。

7　阿部泰隆『行政法解釈学Ⅰ』（有斐閣、2008年）601頁、北村喜宣「行政指導不服従事実の公表」同『行政法の実効性確保』（有斐閣、2008年）73頁以下参照。

8　岡山県は、全国初の事前協議制度を、1977年に、「廃棄物の処理及び清掃に関する法律施行細則」により規定した。形式的にいうならば、事前協議は廃棄物処理法の枠内でなされるという整理である。なお、「施行細則」という名称は、機関委任事務を彷彿とさせる。同法にもとづく産業廃棄物規制の多くが法定受託事務に振り分けられているとしても、現在においては改称されるべき（そして条例化すべき）ものであろう。

第3章 搬入事前協議制度の意義と課題

これは、手続の義務づけである。ところで、「事の前」とは何の前なのだろうか。

それは、域内への搬入の前である。もっとも、1回ごとの搬入なのではなく、1年分についてまとめて捉えられているのが通例である。そのうえで、それが開始される一定期間前（30日が多い）までに協議をするとするもの（例：岩手県条例2条1項）、協議後一定期間内（30日が多い）までに一定内容を通知するとするもの（例：静岡県条例12条）、いずれの期間も明示的に規定するもの（例：大分県条例12条）がある。

（b） 協議の開始と通知の効果

義務づけられているのは、協議である。所定時期までに協議を開始しなかった場合には、刑罰を科すとする条例もある（例：北海道条例41条1号）。独立条例である以上、こうした対応も可能である。

「協議」の通常の意味は、「寄り集まって相談すること。」である[9]。したがって、合意までが要求されるものではない。しかし、条例で規定される協議は、少々様相を異にする。協議を受けた長は、基準に照らして審査をし、適合・不適合を通知するのである。優越的立場を前提とする一方的判断である。もっとも、不適合通知を受けた場合には、基準に適合するよう勧告がされる程度であり、勧告に従わないことに対して特段の不利益措置が規定されるわけではない。その意味では、この通知は「観念の通知」[10]にすぎず、取消訴訟の対象とはならない。「知事…の承認を得なければならない」と規定するものもあるが（岡山県細則20条1項）、許可という趣旨ではない。搬入に関して知事に拒否権があるがごとき誤解を与えるような用語法は不適切である[11]。

域外産廃の処理を受託する産業廃棄物処理業者に対して、委託者が基準適合通知を受けていることの確認を義務づける条例がある（例：岩手県条例2条

---

9 新村出（編）『広辞苑〔第7版〕』（岩波書店、2018年）757頁。

10 櫻井敬子＋橋本博之『行政法〔第5版〕』（弘文堂、2016年）272頁参照。

11 「協議が成立」という表現を用いるものもあるが（例：大分県条例14条1項）、同様の問題がある。「届出」とするのが適切であろう（例：浜松市条例13条1項、岐阜県条例11条1項）。

第1部｜環境配慮の法理論

4項、静岡県条例14条）。不適合通知があったとすれば、「適合通知を受けていないことの確認」がされることになる。そうした状態の排出者の産業廃棄物の処理を受託した場合、当該処理業者の地位に何か不利益が発生しうるだろうか。「不誠実条項」（法14条の3の2第1項1号、7条5項4号ト）に該当するとまではいえないだろうから、許可取消しはできないと解される。

（4）協議内容

　審査事項の規定ぶりは多様である。たとえば、北海道条例は、かなり詳細に、次のように規定する（24条4項1〜6号）。

> (1) 道が策定した廃棄物処理法第5条の5第1項に規定する廃棄物処理計画に定められた廃棄物の処理量の見込み及び廃棄物の減量その他その適正な処理に関する基本的な事項について、当該廃棄物処理計画の達成に支障を及ぼすおそれがないものであること。
> (2) 専ら道内で循環的な利用を行うためのものであること。
> (3) 道外産業廃棄物を排出した事業場から処理を行う道内の施設までの当該道外産業廃棄物の運搬の経路が明確であること。
> (4) 道外産業廃棄物の運搬における飛散及び流出の防止の措置、悪臭、騒音及び振動の発生の防止その他の生活環境の保全のための必要な措置を講じていること。
> (5) 道外産業廃棄物の運搬における積替え、一時的な保管等により、道外排出事業者等を特定できなくなるおそれがないこと。
> (6) 前各号に掲げるもののほか、規則で定める事項。

　岩手県条例は、「循環型地域社会の形成に関する条例第7条の原則に基づき規則で定める循環型地域社会の形成に支障を及ぼさない県外産業廃棄物の本県への搬入後の処理方法等の基準」（2条3項）とする。北海道条例とおおむね同じ内容であるが、ほかに貴金属回収目的、青森県および秋田県からの搬入、といった点を明示しているのが特徴的である（施行規則3条）。

　しかし、全体的にみれば、詳細な基準を設けている条例は少ない。「生活環境の保全に支障」「県内産業廃棄物の適正な処理に影響を与えるおそれ」

のような抽象的表現にとどまっている条例が多い（例：青森県条例3条2項、新潟県条例21条）。「不適正な処分が行われるおそれがある」（例：三重県条例11条1項、山口県条例27条4項）というものもある。県内発生・県内処分の場合は問題ないのだろうか。検討結果を通知するとしているものの、その基準を明示しないものもある（例：静岡県条例12条2項）。

(5) 協議の実績

　協議をした結果、どのような対応がされ、どの程度条例目的の実現に寄与したのかは、実証的に調査されるべきことがらである。抽象的な基準しか規定していない、あるいは、基準らしきものがまったく規定されていない条例の場合が、とくに問題になる。

　筆者の断片的な調査によれば、搬入しようとする産業廃棄物に関して、最終処分場を経営する処理業者の許可品目ではなかったことが判明したため搬入に関して「否」と通知した自治体があった。たとえ基準が不明確であったとしても、与えた許可に照らしてのこのような形式的チェックであれば、それほど困難ではないだろう。全般的にみれば、事前の非公式的な協議がされていることも多いため、「否」「不適合」の通知がされることはそれほど多くないようである。

　最終処分のための搬入は認めないという方針の自治体であっても、それを阻止する法的権限はない。協議を通じてなしうるのは、行政指導にとどまる。

事前協議制度が提起する産業廃棄物処理の論点

(1) 条例の基本的適法性

　事前協議制度の機能のひとつは、廃棄物処理法が規定しないチェックポイントを創出することによって、不法投棄や不適正処理を防止する点にある。廃棄物処理法の目的の実現のために、同法だけではなしえない措置を横出し的に設けているのである。

　生活環境上の観点から重要である水源地の保護という目的に特化した仕組みを廃棄物処理法が規定していないことに関して、ある判決は、「いささか

第1部 | 環境配慮の法理論

総合的観点からの政策に欠けるうらみがあり、今後の法制上の整備が必要とされているといわざるを得ない。」と付言した（東京高判平成19年11月29日LEX/DB25463972）。この裁判例の発想を踏まえれば、法目的の実現にあたって廃棄物処理法は「必要かつ十分」な仕組みを整備していないのであり、事務の実施責任を負う都道府県・政令市が、地域特性を踏まえた対応を条例によって行うのは、基本的に適法になるだろう。問題は内容である。

(2) 委託内容の法令適合性の行政による確認

中間処理がないと仮定すれば、県外産廃排出事業者は、収集運搬業者と最終処分業者と二者契約をする。最終処分に関していえば、廃棄物処理法のもとで、排出事業者は許可業者に対して委託基準を遵守した委託をしなければならないし（12条5～6項）、処分業者は処理基準を遵守した処分をしなければならない（14条12項）。排出事業者には、委託先の状況確認と処理行程における適正対応が努力義務とされている（12条7項）。本来は、これを法的義務にするとともに、義務懈怠に対する改善命令等の監督処分権限を、排出事業者の事業地を所管する都道府県知事等に与えるような法改正をすべきである。

法的義務の違反は、直罰制により対応される（25条1項6号、26条1項、32条1項2号）。しかし、十分な抑止効果があるかどうかは定かではない。知事が措置命令を発出できるのも、義務違反により不法投棄がされたあとである（19条の5第1項2号）。未然防止を旨とする環境法としては、不十分であるともいえる。

制度化の目的として、「不法投棄対策」をあげる自治体が多かったのは、このような事情によるのだろう。県内の排出事業者や処理業者であれば、それなりに目が行き届くが、県外となるとそうはいかない。情報提供をさせることで、適法委託と適正処理を確保しようというのである。県外業者による不法投棄を経験した自治体が、県外業者に不信感を持つのは理解できる。

これは、それなりに合理的であるが、処理業者を無差別的に規制する必要はない。廃棄物処理法2010年改正によって、いわゆる優良性基準適合処理業者制度が導入されたことから、認定を受けた処理業者への委託であれば、この手続的義務を免除するなり緩和するなりすべきであろう。そうした配慮

42

第3章　搬入事前協議制度の意義と課題

をするものもある（岩手県条例2条2項）。

(3) 実地確認義務

　上述のように、排出事業者による委託先状況確認は努力義務であるところ、条例のなかには、これを義務づけるものがある（例：愛知県条例7条1項）。不適正処理がされないようにする一般的義務は排出事業者にあるが、そのための方法は任意であって、このように方法を限定して義務づけることに合理性はない。不履行に対する措置は規定されていないので、実質的には訓示規定であるが[12]、排出事業者に対する影響は少なくない。

(4) 県外産廃流入抑制という法政策

(a) 最終処分場容量の理解

　福島県条例は、県外事業者および産業廃棄物処理業者に対して、同県廃棄物処理計画の実施への協力を義務づける（13条）。そのうえで、前年度に500t以上の処分をした県外事業者に対して減量勧告をし、勧告不服従者を公表するとしている（17条）。条例には明示されないものの、福島県の運用で注目されるのは、県内の最終処分場に関して、処理計画実施への協力義務の名のもとに、廃棄物処理計画のなかで「県外廃棄物の受入れを全体の20％以内とする」という目標を定め、これに従うよう指導していることである。県外産廃の処理状況を処分業者は報告しなければならず（16条）、その情報を踏まえて、県当局は、多くの県外産廃が流入することを阻止できるようになっている。逸失利益に対する損失補填はない。

　いうまでもなく、県内最終処分場の処理容量は、当該処分場経営者の所有物である。ところが、料金が有利な域外産廃を多量に受け入れると県民感情を刺激するなどから、こうした対応をしている。行政は、あたかも処分場の容量が「公共のもの」であるかのように認識しているようにみえる。しかし、第三セクターの処分場ならまだしも、純粋民間の処分場に関してそのように解しう

---

12 北村・前註(3)書148頁、同「張り子の虎？：条例にもとづく実地確認義務づけ」同『自治力の挑戦：閉塞状況を打破する立法技術とは』（公職研、2018年）79頁以下参照。

43

第1部 | 環境配慮の法理論

る根拠は、廃棄物処理法はもとより条例にも存在しない。事実上の拘束力ある
20%ルールには、「瓢箪から駒」のような歴史的経緯があるようである。

(b) 流入抑制の合理性

「域外廃棄物の流入抑制」は、多くの自治体があげる制度化理由であるが、
廃棄物処理法は、自治体区域を越えた産業廃棄物の移動に関して、特段の規
定を設けていない。同法の目的を自区域内において実現するにあたって流入
抑制が不可欠というのであれば、最終処分場にかかる許可業者の許可条件と
して、同法にもとづき、「域外産廃は処分量の〇%以内とすること」という
負担を課すことも考えられるが、条件として可能なのは「生活環境の保全上
必要」なものに限定される（14条11項）。おそらくはそれは無理と考えられ
ているからこそ、ギリギリの行政指導をしているのであろう。

　福島県の場合、「お宅が取り引きしている県外事業者に減量勧告をした」
と県行政がいえば、許可を通じて「上下関係」にある県内処理業者が当該県
外事業者との従前通りの取引きを継続することは、現実には不可能である。
現状の法状態は、法治主義に反する営業妨害の疑いがある。

　この論点は、突き詰めれば環境倫理の議論にもつながる難題である[13]。流
入規制の制度化理由としては、「住民感情への配慮」をあげる自治体が多かっ
た。県民の共通財産である自然環境を破壊して造成した処分場に域外産廃を
持ち込むなという主張がある。しかし、最終処分場は、国立公園や国定公園
の一定地域には立地できないのであり、現にある処分場は、そうした貴重な
環境を改変したわけではない。砂利採取法や採石法にもとづく適法な採取行
為も自然破壊をするが、採取したものを県内でしか使うなという主張は聞か
ない。この「感情」は、法的保護に値するのだろうか。

　筆者は値すると考えるが、その保護のための措置は、せいぜい手続規制に
よるしかないと思う。実質的に流入量抑制となるような実体規制を正当化す
る理由は、まだ見いだせていない。

13　籠義樹『嫌悪施設の立地規制：環境リスクと公正性』(麗澤大学出版会、2009年) 参照。

Part 1

第4章

環境大臣の「重み」
――環境影響評価法23条意見と
　許認可処分

〔要旨〕
　環境影響評価法のもとで評価書を確定するプロセスにおいて、同法23条は、対象事業に係る許認可権者に意見を述べることができると規定する。環境大臣意見をどのように受け止めるべきかについての規定は同法にはないが、分担管理原則のもとで環境行政を担当する環境大臣の環境保全の観点からの意見は、とりわけ中央政府部内においては、許認可権者たる大臣を法的に拘束する。したがって、意見に従わないことについて合理的理由が提示されずになされた許認可処分は違法となる。

第1部 環境配慮の法理論

1 環境影響評価における環境大臣の役割

　2011年に改正された環境影響評価法には、「環境大臣」という文言が、43カ所登場する。一方、「主務大臣」という文言は、50カ所で用いられている。しかし、12カ所において重複的に規定されているため[1]、登場回数でみれば、環境大臣の方が圧倒的に多くなる。もちろんこれは、環境大臣が主務大臣よりも「偉い」ことを意味するものではないが、登場回数の多さは、環境影響評価法にもとづく環境影響評価手続における環境大臣の役割について、何事かを語っているのだろう。

　環境影響評価法がいう「環境影響評価」とは、「事業……の実施が環境に及ぼす影響……について環境の構成要素に係る項目ごとに調査、予測及び評価を行うとともに、これらを行う過程においてその事業に係る環境の保全のための措置を検討し、この措置が講じられた場合における環境影響を総合的に評価すること」（2条1項）である。事業者に対して、事業がもたらす環境影響を予測・評価させ、事業にかかる環境の保全について適正な配慮がされるようにすることが、同法のエッセンスである。そしてそのパフォーマンスは、事業にかかる許認可審査において評価される[2]。

　環境影響評価手続において、環境大臣は、事業者に対して直接アクセスするようには制度設計されていない。許認可をする主務大臣の、いわば「肩越し」に、事業者とかかわるのである。環境影響評価法において、このことの意味は何だろうか。主務大臣は、環境大臣の役割をどのように受け止めなければならないのだろうか。本章では、新石垣空港航空法免許取消請求事件（以下「本件」という）に関する東京地裁判決（東京地判平成23年6月9日訴月59巻

1　「主務大臣（主務大臣が内閣府の外局の長であるときは、内閣総理大臣）」のごとくである。

2　大塚直『環境法〔第3版〕』（有斐閣、2010年）261頁、北村喜宣『環境法〔第4版〕』（弘文堂、2017年）302〜303頁参照。

3　評釈として、黒川哲志「判評」新・判例解説Watch［法学セミナー増刊］10号（2012年）295頁以下参照。

6号1482頁）[3]および東京高裁判決（平成24年10月6日訴月59巻6号1607頁）[4]を素材として、環境影響評価法23条が規定する環境大臣意見の法的意味を、同法の法案審議資料なども参照しながら検討する。同事件においては、航空法38条にもとづく国土交通大臣の許可処分の取消しが求められた。

2 新石垣空港航空法免許取消請求事件の事実の経緯

　本件の概要は、大要次の通りである[5]。沖縄県は、八重山地域の交通の中心である石垣島に、中型ジェット機の就航が可能な2,000メートル級滑走路を有する空港を建設する計画を、1976年5月に発表した。しかし、この案（白保海上案）は、北半球最大最古のアオサンゴ群落をはじめ、巨大な塊状のハマサンゴや国内有数の規模を誇るユビエダハマサンゴが生育する白保サンゴ礁生態系を埋め立てるものであった。このサンゴ礁においては、豊かな漁業が営まれているほか、その生態系上の貴重さのゆえに、地元漁民や環境保護団体の強い反対運動が発生した。そうしたこともあり、県は、白保海上案を撤回した[6]。

　撤回はされたものの、空港建設の計画それ自体は、中止されなかった。紆余曲折を経た後、いくつかの選択肢のなかから、候補地として、白保集落の北部に位置し、かつ、海浜埋立てを伴わない案（カラ岳陸上案）が選ばれた。それを踏まえて、沖縄県知事は、環境影響評価法にもとづく環境影響評価を実施したうえで、航空法38条にもとづく許可申請をしたところ、国土交通大臣は、2009年12月に、空港設置を許可した[7]。

4　評釈として、黒川哲志「判評」新・判例解説Watch［法学セミナー増刊］13号（2013年）263頁以下参照。

5　原告側弁護士による事件の解説として、坂元雅行「新石垣空港設置許可取消訴訟」環境と正義2012年1月号6頁以下参照。

6　経緯に関しては、石川徹也『日本の自然保護：尾瀬から白保、そして21世紀へ』（平凡社、2001年）、鵜飼照喜『沖縄・巨大開発の論理と批判：新石垣空港建設反対運動から』（社会評論社、1992年）参照。白保サンゴ礁に関しては、野池元基『サンゴの海に生きる：石垣島・白保の暮らしと自然』（農山村文化協会、1990年）参照。

7　沖縄県営の新石垣空港は、2013年3月7日に開港している（http://www.ishigaki-airport.co.jp/）。

47

第1部 | 環境配慮の法理論

　これに対して、本件空港敷地の一部に土地を共有する者や、空港が白保サンゴ礁に及ぼす影響を懸念し同サンゴ礁生態系を次世代に残したいと願う者らが、本件許可には航空法および環境影響評価法の規定に違反する瑕疵があるとして、その取消しを求めた。

3 環境影響評価法における評価書作成過程

(1) 評価書作成手続と横断条項

　環境影響評価法は、大きく分けて、2つの部分から構成されている。第1は、法対象事業の実施者が評価書を作成する「手続」に関する部分である。そこでは、法対象事業実施者に対して、対象事業の実施にあたってどのような環境配慮をするのかを、第三者の意見を聴取しつつ検討させる手続が規定される。その作業の成果が、評価書に結実する。

　第2は、法対象事業にかかる許認可にあたって、当該事業の実施にあたって環境配慮がされるかどうかの審査を許認可権者に命じる「実体」に関する部分である。これを規定するのが33条であり、「横断条項」と称されている。環境影響評価法にもとづく評価書と処分の根拠法規をリンクさせる機能を持つ。許認可の根拠法規の要件効果の規定ぶりによって適用される条文は異なるが、要するに、申請にかかる事業を実施するにあたって環境配慮がされるのかどうかの審査が明文規定により許認可権者に命じられていない場合において（33条2項各号）、それを創設的に義務づけるのである。命じられていないことを前提にすれば、環境配慮がされるかどうかを証する書面の提出は不要であるところ、横断条項があるために、それが必要になってくる。一方、もともと許認可の根拠法規に環境配慮条項が規定されている場合もある（同条3項）。これらの場合における審査にあたっての資料が、評価書および24条意見書である。33条1項が、「評価書の記載事項及び第24条の書面に基づいて」と規定するのは、その趣旨である[8]。

8　環境庁環境影響評価研究会『逐条解説環境影響評価法』（ぎょうせい、1999年）（以下、「逐条解説」として引用。）176頁は、「評価書に基づいて審査を行うこととしたのは、環

48

（2）評価書作成と環境大臣意見・許認可権者意見

　評価書は、次のような手続を経て確定される。まず、法21条にもとづき、対象事業の事業者が、準備書を踏まえて評価書を作成する。さらにそれを、法が指定する者に送付する。新石垣空港の場合には、法22条1項1号にもとづき、送付先は、国土交通大臣となる。送付を受けた国土交通大臣は、同条2項1号にもとづいて、環境大臣に当該評価書の写しを送付して意見を求めることになっている。義務的意見聴取であり、環境影響評価法の前身である1984年の環境影響評価実施要綱が、主務大臣が求めたときにかぎって環境庁長官が意見を述べるとしていたのとは、大きく異なる点である[9]。

　評価書の送付を受けた環境大臣は、法23条にもとづき、「……必要に応じ……評価書について環境の保全の見地からの意見を書面により述べることができる」。この意見を受けた国土交通大臣は、法24条にもとづいて、「必要に応じ、……事業者に対し、評価書について環境の保全の見地からの意見を書面により述べることができる。この場合において、第23条の規定による環境大臣の意見があるときは、これを勘案しなければならない」とされている。

　環境大臣の意見は、義務的に出されるのではく任意的である。新石垣空港の事案においては、環境大臣から23条意見が述べられた。また、それを受けた国土交通大臣が事業者に対して環境保全の見地からの意見を述べるかどうかは任意であるが、本件においては、事業者である沖縄県に対して、24条意見を述べている。

（3）事業者における対応と許認可権者の対応

　許認可権者が24条意見を述べた場合、事業者は、法25条1項各号にもとづいてこれを勘案し、所定の措置を講ずる。なお、この措置を講ずるかどうかは事業者の任意であり、特段の措置を講ずる必要がないと認めた場合には、許認可申請に移行することになる。

　境影響評価の手続の最終成果物たる評価書の内容を免許等に反映させることが必要であるから」とする。

9　逐条解説・前註（8）書34～35頁参照。

本件において、事業者である沖縄県は、法25条1項3号にもとづき、評価書の記載事項に検討を加えたうえで補正を行い、国土交通大臣に対して、補正後の評価書を送付した。さらに、法26条2項にもとづいて、沖縄県知事および石垣市長宛に、補正後評価書、要約書、国土交通大臣の24条意見書を送付している。同知事は、法27条にもとづいて、これらの図書を縦覧に供した。

その後、事業者たる沖縄県から、許可申請書とともに、確定評価書および24条意見書面が提出され、国土交通大臣は、それらを踏まえて審査をし、航空法38条1項にもとづく空港設置許可をしている。以上の手続を踏まえるかぎり、適正な環境配慮がされると確認できたということであろう。

 評価書作成過程における環境大臣関与の意味

(1) 閣議アセスの時代

本章は、環境影響評価法23条が規定する環境大臣意見の法的意義を検討するものであるが、現行制度を分析する前に、その前身である環境影響評価実施要綱にもとづく手続（以下、「閣議アセス」という。）をみておくことにしよう[10]。

1984年8月28日の閣議決定「環境影響評価の実施について」にもとづくこの環境影響評価は、法律ではなく閣議決定であるがゆえに、もとより国の行政機関のみを縛るものである。民間事業に関しては、行政指導という形で適用されていた。閣議アセスにおいて、環境庁長官（当時）は、次のような形で関与することとなっていた（下線筆者）。

> 第三　公害の防止及び自然環境の保全についての行政への反映
> 一　評価書の行政庁への送付
> 　㈠　事業者は、評価書に係る公告の日以後、速やかに、免許等が行われる対象事業にあつては別に定める者に、国が行う対象事業にあつては環境庁長官に評価書を送付すること。

10　全文は、逐条解説・前註（8）書621頁以下に収録されている。

第4章　環境大臣の「重み」──環境影響評価法23条意見と許認可処分

(二)　(一)により評価書の送付を受けた国の行政機関の長は、評価書の送付を受けた後、速やかに、環境庁長官に評価書を送付すること。

二　環境庁長官の意見

　　主務大臣は、一により環境庁長官に評価書が送付された対象事業のうち、規模が大きく、その実施により環境に及ぼす影響について、<u>特に配慮する必要があると認められる事項があるときは、当該事業に係る評価書に対する公害の防止及び自然環境の保全の見地からの環境庁長官の意見を求めること。</u>

三　公害の防止及び自然環境の保全の配慮についての審査等

(一)　対象事業の免許等を行う者は、免許等に際し、当該免許等に係る法律の規定に反しない限りにおいて、評価書の記載事項につき、当該対象事業の実施において公害の防止及び自然環境の保全についての適正な配慮がなされるものであるかどうかを審査し、その結果に配慮すること。

(二)　二により環境庁長官が意見を述べる場合には、(一)の審査等の前にこれを述べるものとし、免許等を行う者は、当該免許等に係る法律の規定に反しない限りにおいて、その意見に配意して審査等を行うこと。

(三)　事業者は、評価書に記載されているところにより対象事業の実施による影響につき考慮するとともに、二による環境庁長官の意見が述べられているときはその意見に配意し、公害の防止及び自然環境の保全についての適正な配慮をして当該対象事業を実施すること。

　先にもみたが、下線部から明らかなように、「閣議決定要綱では、環境庁長官は主務大臣からの意見を求められたときしか意見を述べられなかった」[11]のである。要綱にもとづくという対外的な法的拘束力のなさに加えて、中央政府内部においても、環境保全の見地からの意見が制度的に反映されるものではなかった。

　こうした閣議アセスの問題点は、環境影響評価法案作成にあたっての基礎となった中央環境審議会『今後の環境影響評価制度の在り方について（答申）』（1997年2月10日）において、次のように整理されている（付番下線筆者）[12]。

11　逐条解説・前註（8）書35頁。
12　全文は、逐条解説・前註（8）書643頁以下に収録されている。

51

第1部｜環境配慮の法理論

> 七　評価の審査
>
> 　㈠　審査の主体及び方法
>
> 　イ　審査のプロセスには、その信頼性を確保する観点から、許認可等を行う者による審査のほか、意見の提出を通じて①第三者が参画することが必要である。したがって、地域の環境保全を図る立場から都道府県知事が事業者等に対して意見を述べるとともに、②環境保全行政を総合的に推進する立場から環境庁長官が必要に応じて主務大臣に対して意見を述べることができるものとすることが適当である。この場合、環境庁長官の意見が述べられたときは、主務大臣は、その意見に配意して審査するものとすることが適当である。

　環境庁長官の「出番」を主務大臣が決める閣議アセスとは異なり[13]、環境影響評価法においては、「地球環境保全、公害の防止、自然環境の保護及び整備その他の環境の保全（良好な環境の創出を含む。以下単に「環境の保全」という。）を図ること」という当時の環境庁設置法3条が規定する任務を積極的に果たすべく、下線部②のように、自立的判断にもとづいて意見を述べるようにするべきとされた。「必要性」を判断するのは、主務大臣ではなく環境庁長官とすることが適当とされたのである。この認識が、現行法23条として実現する。また、下線部①のように、関与の役割は、制度の信頼性を確保するための「第三者」とされている点に注意しておきたい[14]。

(2) 環境影響評価法における環境大臣意見の制度化趣旨

(a) 国会審議の状況

　環境影響評価法案が審議された第140回国会における議論の主たる論点の

13　それゆえに、環境庁長官意見が求められたのは、全体の10分の1にも満たなかった。寺田達志『わかりやすい環境アセスメント』（東京環境工科学園出版部、1999年）105頁参照。

14　環境庁（当時）の認識でもある。「〔討論〕環境アセスメント制度のポイント」明治学院大学法学部立法研究会・行政手続法研究会（編）『環境アセスメント法：合理的意思決定のシステム』（信山社出版、1997年）（以下、「明学アセス」として引用。）122頁以下・125頁〔倉阪秀史・環境庁企画調整局環境影響評価課環境影響評価制度推進室課長補佐発言〕参照。

52

ひとつは、当時の環境庁長官の意見にどのような「重み」を持たせるかであった。質問者が懸念したのは、省庁間の力関係によって、出したとしても環境庁長官意見が十分に反映されないかもしれないことである。

この点に関しては、次のように答弁されている。

「環境庁長官は、環境の保全に関する行政を総合的に推進することを任務といたしておりますし、また、関係行政機関の環境保全に関する事務を総合調整する、こういう機関の長でございまして、こうした立場からの私ども長官の意見は、免許等を行う者が意見を述べるに当たって、相当の重みを持って受けとめられる……。

……免許等の審査に際しましての環境の保全に関する審査は、評価書の記載事項のほかに、私どもの環境庁長官の意見を勘案して述べられた免許を行う者の意見に基づいて行われるものでございまして、長官が述べました意見の内容は、私どもとしては、十分その審査の結果に生かされるものと考えております。

したがいまして、環境庁長官の意見が軽視されるということはない……。」
［出典］第140回国会衆議院環境委員会議録4号（1997年4月15日）25頁［田中健次・
環境庁企画調整局長答弁］。

同国会においては、こうした趣旨の答弁が、環境庁側から再三にわたってされている。もっとも、これは、環境庁として、「そうありたい」という願いであるのかもしれない。この点に関して、環境庁との関係では対立的であるとされる当時の通商産業省からは、次のような答弁がされている。

「……環境庁長官は環境行政を総合的に推進することを任務とする国の機関の長でございまして、その環境の保全の見地からの意見については、通産大臣が審査、勧告の際に勘案し、重みを持って受けとめるべきものである……。

したがいまして、環境庁長官の意見は、通産大臣の審査あるいは事業者に対します勧告に十分反映され、事業者が行う環境影響評価にも反映される……。」
［出典］第140回国会衆議院環境委員会議録4号（1997年4月15日）27〜28頁［真木
浩之・資源エネルギー庁公益事業部発電課長答弁］。

両行政機関の間で、どのような「手打ち」があったうえでの発言なのかは定かではないが、これら発言からは、環境庁長官の意見が述べられた場合に、

第1部│環境配慮の法理論

少なくとも許認可権者はそれに反するような判断はしないようにも読み取れる[15]。内閣総理大臣の答弁で、この点を確認しておこう。

> 「……環境庁長官の御意見というものは、環境保全行政を総合的に推進する責任を有しておられ、また、関係行政機関の環境の保全に関する事務の総合調整を行う立場から述べられるものでありますから、免許等を行う者が十分慎重にこれは受けとめて意見を述べるべきものと思います。また、免許の審査に際しての環境の保全に関する審査、この場合におきましても、環境庁長官が述べた意見の内容というものは十分審査に生かされ、反映されると私は思いますし、それが無視されたとき、それは世論を敵に回すという決断をする以外にないような話、環境庁長官の意見というものはそれだけの重さを持っている……。」
>
> ［出典］第140回国会衆議院環境委員会議録6号（その1）（1997年4月22日）9頁［橋本龍太郎・内閣総理大臣答弁］。

　23条意見が環境庁長官によって述べられた場合、それを受けて述べられる24条意見は、環境庁長官意見を「十分慎重に受けとめ〔る〕」べきとされる。それを無視するというのは、「世論を敵に回す」という表現ぶりにみられるように、主務大臣の政治的判断としてなされることがありうるにすぎないと認識されている。

　たしかに、これらは国会答弁であって、法の解釈は、解釈時における法の意思を推測する形で行われるべきものである[16]。しかし、最近の最高裁判所判決にみられるように（最2小判平成23年10月14日裁時1541号4頁）、国会答弁が積極的に引用され、重要な解釈上の根拠とされている。そして、それが事務方担当者ではなく、内閣総理大臣の場合、「環境庁長官の意見というものはそれだけの重さを持っている」という答弁の「重み」は、相当にあると

15　環境庁（当時）の職員は、「「環境の保全上の支障」領域では、地方公共団体や環境庁が拒否権発動をすることになる」と記している。寺田・前註（13）書88頁。趣旨は必ずしも明解ではないが、環境庁長官意見がそれなりの重みをもって受けとめられるということであろうか。

16　川﨑政司『法律学の基礎技法〔第2版〕』（法学書院、2013年）239〜240頁参照。

いわなければならない。

(b) 内閣の分担管理原則と「環境の保全の見地からの意見」

内閣法3条1項は、各大臣が主任の事務を分担管理することを規定している。その事務内容は、各省庁設置法に規定される。「環境の保全」に関していえば、先にみた環境庁設置法にあるように、それは環境庁であり、現在では、環境省設置法にもとづき環境省である。

環境影響評価法の実施にあたって、環境大臣は、環境行政の専門的行政機関として機能することになる。同法23条が環境大臣に対して意見を述べる権限を与えているのは、まさにこうした趣旨からである。

法24条のもとでは、環境大臣ではなく許認可権者が事業者に対して意見を述べるが、それは「環境の保全の見地からの意見」である。たしかに、同条は、「環境大臣の意見があるときは、これを勘案しなければならない。」とし、「これに従わなければならない。」とまでは規定していない。しかし、内閣の分担管理原則[17]によれば、環境行政の専門的行政機関として環境大臣が意見を述べた場合には、それに基本的に従うことが、環境影響評価法という個別法のもとでの組織法上の素直な解釈である[18]。この趣旨は、上記国会答弁でも確認できるところである。たしかに、「従わなければならない」というような規定はないけれども、そのような形式的な点のみに着目して尊重義務を否定するのは、法制度全体をみた場合には、正しい解釈姿勢とはいえない。なお、「勘案」とは、それぞれの行政分野において責任を有する者から述べられる意見を受け止めて考慮するという意味である。

---

17 宇賀克也『行政法概説Ⅲ〔第4版〕行政組織法／公務員法／公物法』（有斐閣、2015年）109～110頁、塩野宏『行政法Ⅲ〔第4版〕行政組織法』（有斐閣、2012年）64～66頁参照。

18 実定法のなかには、きわめて例外的ながら、復興庁設置法8条5項や「厚生年金保険の保険給付及び保険料の納付の特例等に関する法律」1条1項のように、ある行政機関の長の意見を関係行政機関の長が「尊重」すると規定するものもある。これらは、行政機関の長同士が、基本的に別の法体系のもとにあり、それにもかかわらずその意見に拘束力を持たせる必要があると法政策的に考えられたがゆえに規定されたものであろう。環境影響評価法の場合には、環境大臣と許認可行政庁は、同じ法的枠組みのもとにあるため、このような明示的規定は、基本的には必要がないと解される。

第1部 環境配慮の法理論

　この点に関して、環境庁時代の解説書は、次のように述べる。「免許等を行う者等が中央官庁の機関である場合には、国においては各大臣がそれぞれの事務を分担処理する仕組みとなっていることから、免許等を行う者等は自らの判断に環境行政の立場を反映させることはできない構造になっている。そこで、環境影響評価手続において環境保全に十全を期していく上では、環境の保全に関する行政を総合的に推進することを任務とする環境庁長官が意見を述べ、これが免許等を行う者等の判断に適切に反映される仕組みを法律上位置づけることが必要である」[19]。また、次のようにも述べる。「環境庁長官の意見は、関係行政機関の環境の保全に関する総合調整を所掌する立場から述べられるものであり、免許等を行う者において適切に取り扱われる必要がある」[20]。

　法23条意見を受けて、許認可権者たる主務大臣は、自らの責任において法24条意見を述べる。環境大臣と主務大臣は別機関であるから、きわめて限界的な場合に、環境大臣の法23条意見とは異なる内容の「環境の保全の見地からの意見」を述べる、あるいは、法23条意見が述べられたにもかかわらず、「特段の意見はない」としてこれを無視することが考えられないわけではない。

　しかしそれは、政治家としての判断ならばともかく、行政機関の長としての判断としては想定されていない。また、かりにそうしたことが起きるとすれば、その場合には、なぜ法23条意見を勘案しなかったのかを合理的理由をもって説明することが、法の制度趣旨から求められる[21]。環境庁長官・環境大臣が、その職責にもとづく自立的判断によって許認可権者に意見を述べることになったのは、先にもみたように、制度の信頼性確保のためであった[22]。たんに意見を述べることが、信頼性の確保につながるのでないのは当然であ

19　逐条解説・前註（8）書140頁。

20　逐条解説・前註（8）書144頁。

21　大塚・前註（2）書271頁、同『環境法Basic〔第2版〕』（有斐閣、2017年）119頁が、「環境大臣が評価書に対して意見を述べたときは、それが許認可等の判断に適切に反映されたか否かが、裁量行使の適正さを考えるうえで重要な視点となる」とするのは、この趣旨であろうか。

る。述べた意見がどのように扱われるかが重要なのである。

　本件においてこの点をみると、2005年5月27日付けで述べられた国土交通大臣の法24条意見をみるかぎりでは、同大臣に対して述べられた環境大臣の法23条意見[23]に全面的に依拠していることが明らかである。内容的に異なった判断が入っていないのは、環境行政を所掌する環境大臣の見解を尊重することの傍証である。

　なお、実定法のなかには、環境に関係する事項を決定するにもかかわらず、環境大臣が関与していないものもある[24]。しかし、環境大臣の役割が規定されている法律においては、同大臣は、環境保全の観点からの専門的役割を果たす義務を負って行政過程に参画し、関係する大臣は、その専門性を尊重することが制度上求められている。

5　横断条項のもとでの環境配慮審査

（1）法33条2項各号法律と3項法律の違い

　横断条項は、正確には、環境影響評価法33条2項各号のもとでの法律に適用される。同条3項との区別に留意する必要がある。両者の違いは、許認可処分の根拠法規の要件規定のなかに、環境配慮が含まれているかどうかである[25]。

22　信頼性の観点からこの制度を分析するものとして、北村喜宣「環境影響評価法とプロセスの信頼性」同『環境政策法務の実践』（ぎょうせい、1999年）199頁以下参照。本章では、議論しないが、審議会のような「第三者機関」を介在させないがゆえに信頼性に欠けるという指摘も多い。大塚・前註（2）書269頁、阿部泰隆＋淡路剛久（編）『環境法〔第4版〕』（有斐閣、2011年）181頁〔畠山武道執筆〕、大塚直「環境アセスメント制度の現状と課題」明学アセス・前註（14）書2頁以下・20頁、日本弁護士連合会（編）『ケースメソッド環境法〔第3版〕』（日本評論社、2011年）207頁参照。

23　環境大臣意見は、環境省ウェブサイトにおいて公表されている（http://www.env. go.jp/press/file_view.php?serial = 6639&hou_id = 5896）。

24　たとえば、奄美群島振興開発特別措置法2条は、奄美群島振興開発基本方針の策定を、国土交通大臣、農林水産大臣および総務大臣に命じているが、方針には「自然環境の保全及び公害の防止に関する基本的な事項」（2項11号）を含まなければならない。しかし、同法には環境大臣は登場せず、この事項については、3大臣のみで処理することになる。

25　北村・前註（2）書320～324頁参照。

第1部｜環境配慮の法理論

新石垣空港事件で問題になった航空法は、環境影響評価法33条2項1号のもとでの施行令17条・同別表第4第1欄「一」に規定されている。航空法の許可基準としては環境配慮が規定されていないけれども、横断条項を通じて、それが事業者に求められ、その審査が許可権者に命じられるのである。許可権者は、航空法が規定する要件の充足状況の審査結果と、評価書に結実した事業者の環境配慮状況の審査結果を「併せて判断する」ことになる。一方、環境影響評価法33条3項該当の法律（例：公有水面埋立法）の場合には、許認可基準として独立に環境配慮条項があるために、その不充足のみを理由に申請を拒否しなければならない。ところが、2項該当法律の場合には、必ずしもそうではない。絶対的拒否事由と相対的拒否事由といえようか。

（2）法24条意見と審査の関係

横断条項を踏まえた許認可審査は、2つの段階から構成される。すなわち、①法対象事業について適正な環境配慮がされるかどうかの審査（環境配慮審査）、②許認可の根拠法規が規定する基準に適合しているかどうかの審査（許可基準審査）である。以下では、①について述べる。

環境配慮審査にあたっては、当該許認可権者が許認可申請者たる法対象事業実施者に対して出した法24条意見、および、法対象事業実施者が作成した評価書が踏まえられる。当然のことながら、許認可権者においては、法23条環境大臣意見は認識されており、これに適切な配慮をすることが求められている。

法24条意見と許認可の関係については、次のように解説されている。「法第24条の規定により述べられた免許等を行う者の意見に基づいて審査を行うこととしたのは、当該意見を述べる者と審査を行う者が同一である以上、免許等の審査はこの意見の内容を踏まえて行うべきであるためである」[26]。

いうまでもなく横断条項は、許認可の根拠法規との関係では後から規定されたものである。許認可対象事業の実施にあたって環境配慮がされるかどう

---

26 逐条解説・前註（8）書176頁。

かという基準を許認可判断にあたって事後的に加えるものであり、それゆえに、「基準を横出し的に追加した」「個別法を書き換えた」といわれることがある。法33条は、個別法との関係では「後法」なのである。したがって、最初から許認可の根拠法規に規定されている要件と同等の重みしかないものではあるものの、環境影響評価法の制度趣旨に鑑みれば、許認可権者においては、法23条環境大臣意見にもとづいて自らが出した法24条意見が、許認可申請者において適切に考慮されているかどうかを慎重に吟味することが法的に求められる。この点は、先に引用した内閣総理大臣答弁においても明言されているところである。横断条項は、分担管理原則に例外を設けたものである[27]。

たとえば、法23条環境大臣意見において、環境保全上の見地から、法対象事業に関して環境配慮がされない可能性が高いという懸念が示されていたにもかかわらずそれを反映しない法24条意見が事業者に提出され、同意見を踏まえて作成された評価書を添付して出された申請に対して許認可がされたとすれば、特段の合理的理由がないかぎり、それは横断条項の制度趣旨に反して違法と解される。環境配慮審査における裁量権行使が違法であった結果、許可基準審査に影響を与えたことになる。環境配慮審査および許可基準審査にあたっては、もちろん許認可権者に裁量があるけれども、合理的理由なく法23条環境大臣意見を無視する裁量までは与えられていない。

法23条意見に依拠した法24条意見に十分対処せずに評価書が作成され、これを添付しての申請に対して許認可がされた場合はどうだろうか。「併せて判断」されるのであるが、合理的理由が示されないとすれば、同様に、横断条項の制度趣旨に反して違法と解されよう。

(3) 不許可とすべき場合

許認可権者は、裁量権の的確な行使により、申請に対して処分をする。それにあたっては、「環境の保全についての適正な配慮がされるものであるかどうか」の要件認定が問題となる。この点については、次のように解説され

---

27 逐条解説・前註（8）書140頁参照。

第1部 環境配慮の法理論

ている。「横断条項を設ける趣旨からみて、地域住民の健康被害を生じさせることが明らかな場合など、重大な環境保全上の支障が生ずることが明らかに見込まれる場合には、行政庁は免許等を拒否しなければならないものと解される」[28]。いかなる場合に適正な配慮を欠くかは、法24条意見への対応および評価書を参照して決定される。健康被害が発生しなければよいというものではない。こうした場合に限定されるかのように読める例示に関する解説書の記述は、やや適切さを欠いている。

　許認可の根拠法規は、環境影響評価法ではなく、法対象事業を規制する個別法である。そこでは、それぞれ目的規定において保護法益が規定され、許認可の根拠条文には許認可要件が規定されている。たとえば、生活環境の保全が保護法益とされているのであれば、それに対する重大な支障があれば不許認可とすることができるのであり、健康被害に至るような環境負荷の発生が必須となるわけではない。絶対主義ではなく相対主義で考えるのが、法33条1項の読み方としては適切である。

　一方、上記解説は、審査の内容に関して、申請者における環境配慮への取組み度合いという主観的側面ではなく、それによりどのような環境影響が生じるかという客観的側面を審査すべきとしているようである。この点は、適切な認識である。

6 東京地裁判決の評価

(1) 環境大臣の法23条意見の法的意義

　地裁判決は、「環境配慮審査は確定評価書及び24条意見に基づいて行われるものであって、これが23条意見に基づくべきことを求める評価法又はその関連法令の規定は見当たらない」ことを理由に、「合理的理由なくして23条意見に沿わない環境配慮審査の結果、許認可等処分がされたときはその判断は違法になる」という原告の主張を退けている（6(2)ア）。

28　逐条解説・前註（8）書180頁。

なるほど、法23条意見に法的拘束力を与える明文規定は存在しない。しかし、絶対服従という意味ではないにせよ、内閣の分担管理原則に従えば、環境保全上の見地から述べられる環境大臣意見については、組織法原理に照らして強い法的拘束力が与えられていると解すべきである。「環境大臣の意見……を勘案しなければならない。」という法24条第2文の規定は、それとは異なる判断が法24条意見において示される場合には、十分な合理的理由にもとづかなければならないことを意味している。その理由を付記することは明示的には義務づけられていないが、法の制度趣旨に鑑みれば、それが求められると解すべきである。

(2) 国土交通大臣の法24条意見の法的意義

　地裁判決は、「評価法及びその関連法令に24条意見に従うべきことや24条意見に従わない場合にはその合理的理由を示すことを事業者に義務付ける趣旨の規定は見当たらないこと」を理由に、「合理的理由を示すことなく24条意見に対応しなかった場合になされた許認可等処分は当然に違法になる」という原告の主張を退けている（6(2)ア）。

　たしかに、「当然に違法になる」という主張は、法的根拠に欠ける。しかし、法24条意見を勘案して確定評価書が作成されることに鑑みれば、法24条意見に積極的に対応しなかった場合には、「環境の保全についての適正な配慮がされる」と判断されない可能性はある。意見が出されたにもかかわらず法対象事業実施者がこれに対応しなかったとすれば、同意見によらずとも適正な環境配慮はなされることを、確定評価書において、同者の責任のもとに示さなければならないというべきである。それがされていない場合において、環境に重大な支障があると判断されれば、たとえ「併せて判断する」としても、許可申請を拒否しなければならない。それにもかかわらずなされる許可処分は、裁量権行使を誤ったものとして違法性はかなり高いと評するのが、法の制度趣旨に鑑みれば適切である。

第1部｜環境配慮の法理論

（3）沖縄県の法25条対応と許認可権者の判断

　法24条意見を受けた沖縄県は、法25条にもとづく対応をして確定評価書を作成し、許認可権者に提出した。

　法24条意見については、「これを勘案」することが、法25条1項柱書において求められている。前述のように、本件において国土交通大臣が述べた法24条意見は、環境大臣の法23条意見をほとんど引き写した内容であった。そのなかに、サンゴ礁生態系への影響に関する意見、「11.事業実施区域及びその周辺区域への降雨及び流入水が、轟川に流入し、又は海域に浸出する経路及びその量について把握し、その結果を評価書に記載すること。」（以下、「国土交通大臣意見11」という。）がある。

　この意見に関して、地裁判決は、「特定事項の調査を求める旨の明示もない以上、地下川（洞窟内を流れる地下水の流れ）の走り方（経路）及びそこの流量を調査すべきことまでを求めたものと解することはできない」とする（7(1)オ（ケ））。

　しかし、環境大臣意見が、工事により発生する濁水がサンゴ礁に与える影響との関連で、「降雨と流入水が、海域に浸出する経路及びその量について把握〔する〕」ことを求めている以上、サンゴ礁に与える影響を明らかにするには、地下川の走り方および同川の流量を把握せよというのが、同意見の素直な読み方である。事業者においてその把握がされていないからこそ、国土交通大臣も、法24条意見において把握を求めているのである。地裁判決は、国土交通大臣意見11に関して、海域への浸出総量の意味であるとしているが、「経路」と明記されている以上、少なくともその主要なものに関する経路および量を調査して把握をすることは、影響を受けるサンゴ礁との関係では当然に必要である。

　もっとも、法24条意見を受けてどのような調査をするかは、環境影響の有無およびその内容を明らかにできる方法であるかぎりは、事業者たる沖縄県の裁量である。しかし、そもそも同意見により求められた調査をまったく実施しないということは、事業者たる沖縄県において、法33条1項が求める「環境保全についての適正な配慮」がされないものといわざるをえない。地

62

裁判決は、「補正書には、海域に浸出するに至る過程でたどるその後の道すじに関する記載は見当たらないから、この点において、本件補正書の本件国交大臣意見11に対する対応は不十分といわざるを得ない」という（7（1）オ（ケ））[29]。先に引用した環境庁解説書の解釈によるならば、その結果として重大な環境保全上の支障が見込まれる場合には、総合考慮のうえで、許可を拒否する場合もありうる。

　沖縄県が作成した確定評価書には、上記の点で不備があった。しかし、地裁判決は、「浸透ゾーンに濁水の流入があり、環境影響の程度に著しい変化が認められるような場合は適切に赤土等流出防止対策を講じるなどの事後的対策も採られるというのであるから……本件許可処分について処分行政庁の裁量権の範囲の逸脱又は濫用が帰結されると認めることはできない」とした（7（2）イ（オ））。

7 東京高裁判決の評価

（1）環境大臣の法23条意見の法的意義

　控訴審において、控訴人である住民側は、「事業者は〔法〕23条意見を勘案すべきであり、23条意見は、免許等を行う者による環境配慮審査の際に審査の基礎とされる」と主張した。これに対して高裁判決は、「環境大臣の23条意見は、免許等を行う者に対する意見であり、免許等を行う者が24条意見を述べる場合に勘案すべきものであって（同法23条、24条）、事業者がこれを勘案し、環境配慮審査の際に審査の基礎とされるものとされていないことは法文上明らか」と判示した（4（3））。

　これはその通りである。地裁判決は、法23条意見に対して十分な重みを与えていないが、その部分を継承しなかったのは適切である。

29　「全体としてみれば」という趣旨であろうか、国土交通省は、「評価書は、国土交通大臣意見を踏まえた補正が行われていると評価している」と主張する。国土交通省「衆議院議員川内博史君提出新石垣空港整備事業等に関する質問に対する答弁書について」参照（http://www.mlit.go.jp/kisha/kisha06/12/120630/01.pdf）。

第1部 | 環境配慮の法理論

(2) 国土交通大臣の法24条意見の法的意義

　高裁判決は、法24条意見と事業者との関係について、地裁判決とは異なった判示をした。すなわち、「24条意見に従わない場合には、環境の保全について適正な配慮がなされるものであるかどうかの環境配慮審査（同法33条1項）において、審査の対象となり、免許等を拒否する処分等がなされることがある」、「同法上、事業者は24条意見を尊重することを要請されている」とする（4(3)）。

　地裁判決よりも適切な整理であろう。事業者が法24条意見に従わないことは、違法ではない。ただ、その結果として準備された申請書の内容（具体的には、評価書の内容）が、法33条1項が求める「環境保全についての適正な配慮」のレベルに達していないなら、申請が拒否される可能性がある。

(3) 沖縄県の法25条対応と許認可権者の判断

　環境大臣の法23条意見を受けて国土交通大臣が法24条意見を沖縄県に述べるが、そこに記された内容は、「環境の保全についての適正な配慮」に大きな影響を与えるものである。そこで、控訴人は、補正後の確定評価書において、沖縄県が法24条意見に対応しない理由を明示していないならば、その配慮がされていないものとして申請を拒否すべきと主張した。

　これに対して、高裁判決は、「事業者に24条意見に従うべきことや、従わない場合に合理的理由を示すことを義務付ける規定が見当たらない」とする（4(3)）。この点は、地裁判決と同様である。法24条意見に対応して、法25条にもとづいてどのような確定評価書を作成するかは、沖縄県の裁量である。

　そうであるとしても、国土交通大臣意見11に対する対応が不十分な場合はどうなるだろうか。実際、高裁判決は、「海域に浸出する経路」に関する記載が補正書にないことを理由に、現実になされた沖縄県の対応を「不十分」と認めた。しかし、同意見の趣旨に関して、「地下川又は地下水流の経路を特定して把握することまで求めていたと考えることには疑問がある」という理由で、その調査を欠いていても問題はないとしたのである（4(5)）。地裁判決と同様の判断である。

64

第4章 環境大臣の「重み」——環境影響評価法23条意見と許認可処分

高裁判決は、「対応の不十分さは、国土交通大臣が、当該事業につき、環境の保全についての適正な配慮がなされるものかどうかを審査する際に、それ自体で直ちに問題とされるものではなく、……環境影響評価全体の中で考慮されるべき」とした（4 (5)）。法33条2項2号のもとでの適正な環境配慮の欠如は相対的拒否事由であるから、前半部分はたしかにそうである。しかし、不十分な対応が具体的に確認されているにもかかわらず、それは環境影響評価全体のなかで考慮されるべきというのは、何を意味しているのだろうか。本件評価書では、国土交通大臣意見11に関する点については、（事業者が作成するために当然のことながら、）対応が不十分とはされていないのである。高裁判決の論理を踏まえれば、航空法38条許可申請を審査するにあたって本件評価書をも審査する国土交通大臣は、判決が不十分と評価した点を審査し、同法39条1項の諸基準の充足状況と「併せて判断」しなければならないはずである。ところが、現実にはそのようには判断はされておらず、また、その点を裁判所が審査したわけでもない。

8 環境大臣意見と環境配慮審査

「何が良い環境であるのか」について、環境影響評価法は中立的である。しかし、そうであるがゆえに同法は、手続の的確な実施を通して、確実な環境配慮が実現されるようにと工夫をしている。

環境大臣の法23条意見は、許認可権者において基本的に尊重され、その法24条意見に反映される。これを受けた事業者がそれを何ら考慮しないで法25条の確定評価書を完成させたとするならば、法の制度趣旨から導かれる環境配慮義務に違背したものと評され、そのことは、たとえば、横断条項を通じた航空法38条の許可審査に影響を与えることになる。

新石垣空港事件の地裁判決は、明文規定がないがゆえに、環境影響評価法のもとで、許認可権者は環境大臣の法23条意見に法的には拘束されないと考えている。明述はされなかったものの、おそらく高裁判決も、同様の立場だろう。

65

第1部 環境配慮の法理論

　しかし、立法過程の資料および政府内の行政機関関係からも明らかなように、環境大臣意見の「重み」は、少なくとも環境影響評価法という法的枠組みのなかでは、明文規定の有無によって左右されるものではない。同法の制度趣旨の観点から解釈すべきなのである。環境影響評価法の手続の信頼性を高めるためにも、環境大臣意見の扱いは、法的にも重要な問題である。

　本件においては、地裁判決は、補正書における沖縄県の対応を一部不十分と評価しつつも、異変が生じれば事後的対応で十分カバーできるとした。高裁判決は、環境影響評価全体のなかで考慮されるべきとした。いずれも、行政裁量をきわめて広く認める判断である[30]。環境法学として重要なのは、同法33条2項政令指定の法律において、評価書に示された環境配慮の内容を許認可権者がいかに判断し、その結果としての処分を裁判所がいかに審査するかについての理論的検討である。

30　横断条項が適用される法律のもとで許認可がされる場合、申請者にとっては授益処分であるから、行政手続法のもとでは、理由を示す必要はない。環境影響評価法の立法論としては、許認可権者が評価書をどのように判断して処分に至ったかの理由の付記を義務づける必要がある。大塚・前註（2）書271頁、同・前註（21）書119〜120頁、北村・前註（2）書324頁参照。

Part 1

第5章

ABS国内措置

〔要旨〕
　生物多様性条約の実施に関する名古屋議定書は、遺伝資源の利用から生ずる利益の公正かつ衡平な配分に関する国際的取決めをした。締約国である日本は、同議定書を国内的に実施するための法的措置を講ずる義務を負う。その中核となるのは、遺伝資源の提供国の国内法令に適合したPIC/MATが取得・設定されているかを利用国内において確認する仕組みである。純粋国内問題ではないから、合意できる範囲での制度化では、国際的信用は得られない。手続的義務づけを中心とする法制度が必要である。

第1部 環境配慮の法理論

1 ABSと名古屋議定書

ABSとは、アクセス（access）およびベネフィット・シェアリング（benefit sharing）のそれぞれの頭文字をとった略称である。一般には、「遺伝資源（genetic resources）に関するアクセスとそれにより発生する利益の配分」を意味している。

遺伝資源は、利用価値のある遺伝素材である。これにアクセスするのは利用者（より正確には、利用のための譲受者）であり、利益配分を受けるのは提供者である。前者が活動する場所が利用国、後者が活動する場所が提供国となる。利用・取得・提供という行為は、国家ではなく私人（個人・企業）によりなされる。遺伝資源を提供者から取得して利用者に渡す取得者は、提供国内にいる場合が多い。当然のことながら、利用者は、利用国内にいる。これらの主体が関係するABSという概念は、「環境と開発に関する国際連合会議」の場で1992年に採択された「生物の多様性に関する条約」（生物多様性条約）のもとで問題となる[1]。

生物多様性条約は、3つの目的を持っている。第1は「生物の多様性の保全」、第2は「その構成要素の持続可能な利用」、そして、第3は「遺伝資源の利用から生ずる利益の公正かつ衡平な配分」である。ABSは、とくに第3番目の目的にかかわる。ABSに関しては、2010年に、「遺伝資源の取得の機会及びその利用から生ずる利益の公正かつ衡平な配分に関する名古屋議定書」（名古屋議定書）が採択され、2014年10月12日に発効した。

---

[1]　生物多様性条約に関しては、磯崎博司「生物多様性に関する国際条約の展開：必要とされる措置の体系化」新美育文＋松村弓彦＋大塚直（編）『環境法大系』（商事法務、2012年）933頁以下、及川敬貴「生態系保全・絶滅種保護対策」高橋信隆＋亘理格＋北村喜宣（編）『環境保全の法と理論』（北海道大学出版会、2014年）533頁以下、高村ゆかり「生物多様性条約」西井正弘＋臼杵知史（編）『テキスト国際環境法』（有信堂、2011年）参照。ABSとの関係に関しては、磯崎博司＋炭田精造＋渡辺純子＋田上麻衣子＋安藤勝彦（編）『生物遺伝資源へのアクセスと利益配分：生物多様性条約の課題』（信山社、2011年）参照。

ABSについての環境法学的検討は、少しずつではあるが蓄積されている[2]。本章は、名古屋議定書のもとでのABSを改めて整理するとともに、議定書を受けた国内措置（日本が利用国となる場合を前提とする）のあり方について、若干の検討をするものである[3]。

2 日本国の対応

（1）国内措置の必要性

名古屋議定書は、生物多様性条約という枠組み条約のもとにあるABSに関する実施条約である。その効力を国内に及ぼすためには、議定書の要求を充たす国内措置が必要となる。同条約の規定内容であるバイオテクノロジーに起因する悪影響に関しては、2000年に「生物の多様性に関する条約のバイオセーフティーに関するカルタヘナ議定書」（カルタヘナ議定書）が採択され、国内実施法として、2003年に「遺伝子組換え生物等の使用等の規制による生物の多様性の確保に関する法律」（カルタヘナ法）が制定された。後述のように、ABSに関しても、何らかの国内措置を講ずることが求められている。それは、立法的措置でもありうるし、行政的措置でもありうる。なお、国と自治体の適切な役割分担に鑑みれば、利用に関する国内措置の実施にあ

---

2 研究の中心的位置づけを持つ論攷として、磯崎博司「条約の実施確保に向けて：国内措置の整備義務」地球環境学〔上智大学〕10号（2014年）1頁以下（以下、「磯崎①論文」として引用。）、同「名古屋議定書に対応する国内法令」地球環境学〔上智大学〕11号（2016年）113頁以下（以下、「磯崎②論文」として引用。）参照。そのほかに、たとえば、磯野弥生「名古屋議定書に関する論点と内容：名古屋議定書はABSの課題をどのように解決したか」ジュリスト1417号（2011年）8頁以下、西村智朗「遺伝資源へのアクセスおよび利益配分に関する名古屋議定書：その内容と課題」立命館法学333・334号（2010年）1105頁以下参照。不十分ながら、筆者も若干の検討をしたことがある。北村喜宣「名古屋議定書の国内実施のあり方」上智法学論集58巻1号（2014年）1頁以下参照。筆者の名古屋議定書の理解は、磯崎①②論文に大きく負っている。

3 本章は、2016年度環境法政策学会（2016年6月）において筆者が行った報告の原稿を加筆修正したものである。報告にあたっては、磯崎博司教授（上智大学大学院地球環境学研究科）から丁寧なご教示をいただいた。記して謝意を表したい。

たって、自治体の関与は考えにくい[4]。

（2）主権的権利の対象としての遺伝資源

国内の領域にある自然資源は、基本的には、当該国家の主権の対象である。しかし、歴史的経験を踏まえ、国家による過度の収奪を懸念して、国際社会では、主権ではなく「主権的権利」の対象と整理されてきた[5]。いわば価値が相対化されたのであり、国際法政策のなかで、そのあり方が検討されるようになったのである。遺伝資源も自然資源であり、主権的権利の対象となる。ところが、現実には特段の規制措置が講じられなかった結果、フリーアクセスのような状況になっていた。

生物多様性条約および名古屋議定書は、主権的権利のもとにある遺伝資源に対して、具体的な措置を講じようとするものである。その目的は、同議定書1条に明記されているように、「遺伝資源の利用から生ずる利益を公正かつ衡平に配分すること……並びにこれによって生物の多様性の保全及びその構成要素の持続可能な利用に貢献すること」である。遺伝資源保護ではなく、その持続可能な利用を前提とする合理的な利益配分が最終目的である点に注目したい。経済的利益が保障されるべきなのである。同じ環境条約ではあるものの、経済的利益を確保させないための絶滅危惧種対応などとは大きく異なる点である。

（3）検討会

国内措置のあり方をめぐっては、環境省が設置した「名古屋議定書に係る国内措置のあり方検討会」において、関係団体や関係行政機関などによる議論が深められた。同検討会は、2014年3月に、『名古屋議定書に係る国内措置のあり方検討会報告書』（検討会報告書）をとりまとめている[6]。

この種の報告書は、そのまま法案の原案につながる場合が多いが、今回は

4　日本が提供国となる場合には、自治体の役割を踏まえた関与もありうるだろう。及川敬貴「ABS法の可能性と課題：生物多様性の保全との関係を中心に」ジュリスト1417号（2011年）16頁以下・22頁参照。

5　磯崎・前註（2）①論文8頁以下参照。

第5章 ABS国内措置

異例であった。「検討すべき事項」が多く示され、この報告書を踏まえて、政府部内において、いかなる措置を講ずべきかの議論が実質的に開始されたのである。示された「検討すべき事項」は、「適用の範囲に関して」が11、「チェックポイントについて」が6、「不履行の状況への効果的な対処」が8あった。そのほか、「意見が分かれた事項」が3つ示されている。まさに論点整理である。中心的論点としては、①他の議定書締約国のABSに関する国内法令等の遵守に関する事項、②遺伝資源利用のモニタリングに関する事項、③国内措置の規定形式がある。

3 名古屋議定書にかかる国内措置

(1) 議定書の要求事項

　日本が名古屋議定書を批准するにあたっては、議定書の要求事項を充たした措置を講じていると自ら認識している必要がある。論点は多岐にわたるが、以下では、「取得の機会及び利益の配分に関する国内の法令又は規制の遵守」と題する議定書15条について検討する（付番・下線筆者）。

> **■名古屋議定書15条**
>
> 1　締約国は、①自国の管轄内で利用される遺伝資源に関し、取得の機会及び利益の配分に関する他の締約国の国内の法令又は規則に従い、②事前の情報に基づく同意により取得されており、及び③相互に合意する条件が設定されていることとなるよう、適当で効果的な、かつ、均衡のとれた立法上、行政上又は政策上の措置をとる。
>
> 2　締約国は、1の規定に従ってとられた措置の不履行の状況に対処するため、適当で効果的な、かつ、均衡のとれた措置をとる。
>
> 3　締約国は、可能かつ適当な場合には、1に規定する取得の機会及び利益の配分に関する国内の法令又は規則の違反が申し立てられた事案について協力する。

6　全文は、環境省のABSに関するウェブサイト上で公表されている（http://www.env.go.jp/nature/biodic/abs/）（2016年9月20日閲覧）。本サイトには、生物多様性条約や名古屋議定書に関する関係資料や情報が広く収録されている。

第1部 環境配慮の法理論

(2) スキームの特徴

(a) 提供国の国内法の履行を利用国内において確保する

　一般に、環境条約においては、たとえば絶滅危惧種の取引の禁止のように、国際的に合意された内容を締約国の国内において実現するための措置を講ずることが求められる。これに対して、名古屋議定書が求めるのは、1項の下線部①にあるように、「他の締約国の国内法令又は規則に従〔って〕」、下線部②および下線部③の状態が利用国内で確保されることである。すなわち、日本についていうならば、他の締約国内で取得された遺伝資源を利用する者が日本に所在する場合において、その利用の対象とされる遺伝資源に関して、当該締約国のABS国内法令に従って下線部②および下線部③がされているかどうかを確かにする国内措置が求められる。2項はこれを確認する。両方の条件を実現していなければならないのは、遺伝資源を利用のために譲受する者である。同者が、たんに「利用者」と称される場合が多い。

　締約国の国内法令は、それぞれに異なる。後述する個々のPIC/MATについても同様である。その内容は、名古屋議定書6条3項にもとづき、「取得の機会及び利益の配分に関する情報交換センター」（クリアリングハウス）に集積される。的確な情報提供は、提供国の義務である。日本は、それを確認して対応をしなければならない。国内における執行としては、なかなかに大変そうである。

(b) PICとMAT

　下線部②はPIC（Prior Informed Consent）、下線部③はMAT（Mutually Agreed Terms）と呼ばれる。PICとは、「公的機関が、事前に必要な情報を添えて申請した者に対して、個別的に、許可や認可を付与するという法的手続き」である。MATとは、「当事者が（文書または口頭で）相互合意した条件」である[7]。こうした仕組みが採用されるべきことは、生物多様性条約15条が規定している。

　なお、PICやMATは、一般的な仕組みであり、名古屋議定書がとくに創

7　磯崎・前註（2）①論文13頁。

出したものではない。名古屋議定書は、5条1項および6条1項が規定するように、目的実現のために、その仕組みを利用しているのである。PIC取得者やMAT当事者にどのような法的義務を負わせるのかは、ABS国内法令によって異なる。個別の遺伝資源にかかわるものであるから、PICもMATも、制度的には、それぞれにカスタマイズされた内容になる。

対象となる遺伝資源を提供、取得、利用するのは私人（個人または法人）である。これらの行為に対して提供国および利用国が規制を加えるのであるが、その関係は、複雑である。磯崎博司教授による図解が最も簡明かつ正確であるので、以下に掲げる。

[図表5.1] 生物多様性条約と名古屋議定書

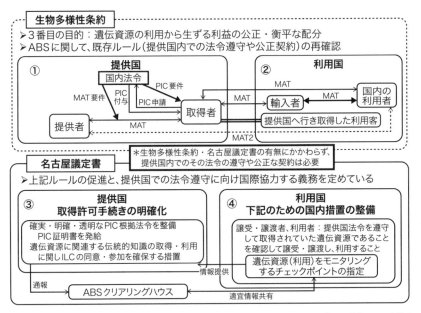

[出典] 磯崎博司「名古屋議定書に対応する国内法令」地球環境学11号（2016年）126頁 [図2] を一部修正[8]。

8　磯崎・前註 (2) ②論文126～127頁においては、多くの場合を想定した解説がされている。本章においては、最低限の内容を示すにとどめるため、その限りで126頁 [図2] の一部を割愛している。

日本が利用国となるケースを前提にしよう。「提供」「取得」という行為は、いずれも提供国内においてなされる。提供国政府に対してPICの申請をする義務があるのは、遺伝資源の取得者である。それが基準を踏まえて審査され、適合した場合にはPICが付与される。提供者と取得者の間で締結されるMATについては、取引対象となる遺伝資源に関してPICが付与されていることが前提となる。また、提供国のABS国内法令がMATに関して規制をしている場合には、それに適合的な内容でなければならない。これは提供国内での法関係であり、そこで完結するかぎりにおいては、純粋国内問題であり、名古屋議定書の対象とはならない。対象となるのは、遺伝資源の利用者が、提供国外に所在してそこで活動をするような国境を越えた取引になる場合である。

　典型的なパターンを考えよう。提供国外に所在する私人が提供国内において提供・取得された遺伝資源を利用しようと考える場合には、提供国内の取得者と交渉をし、提供国のABS国内法令に従ったPIC/MATのある遺伝資源を入手する。当該利用者は、MATの一方当事者ではない。そこで、PIC/MATの内容を承継する新たなMAT（2次MAT（mat））が締結される必要がある。利用国内に輸入を専門とする業者が存在している場合、最初のPIC/MATの内容を承継させるためには、同様に、新たなMAT（3次MAT（mat））が締結される必要がある。遺伝資源が転々譲渡されたとしても、それぞれの契約においてこの点が確実にされているかぎり、提供国のABS国内法令が求める内容が、MAT（n次MAT）において記載され、すべきことやすべきでないことが確認できるという制度設計である。名古屋議定書が利用国たる締約国に求めるのは、日本国内において、利用者に関してそうした状況が実現されるようにする措置である。条約である議定書は、締約国に対する義務づけをするものであり、利用者個人に対して直接に命令をするわけではない。利用国内の利用者等に対するアプローチは、国内措置の役割である。

4 国内措置の内容

(1) 特殊な義務づけ

　提供国のABS国内法令の効力は、同国内にしか及ばない。また、日本には、提供国のABS国内法令を執行する権限もない。名古屋議定書のもとで求められるのは、日本国内で利用される遺伝資源に関して提供国のPIC/MATが付されている場合に、前出の議定書15条1項の下線部②にあるように適法なPICが取得されているか、下線部③にあるようにMATが設定されているかの確認である。同条3項にもとづき、提供国のABS国内法令に違反して取得された遺伝資源が日本国内に存在しているという主張がされた場合、違反に対する執行を提供国内で行えるよう、情報提供などについて協力する義務もある。これは、確認的に規定されている国家としての義務である。

　名古屋議定書15条1項は、利用国に対して、提供国において遺伝資源が取得されたときに同国のABS国内法令が遵守されていたことが利用国内において確認できるように、利用国における国内措置の整備を命じている。日本に求められるのは、過去の時点に取得・設定されたPIC/MATを踏まえて利用者が活動しているかに関するいわば形式的な確認である[9]。環境条約の国内措置にみられるように、条約の内容を国内法で正面から受け止めて、国内の対象者に対して規制を実施するというタイプの対応とは、様相を相当に異にする。

(2) 国内環境法における実現

(a) 基幹法の提供する基本的視点

　名古屋議定書のこうした命令に応じるための国内措置の制度設計としては、どのようなものが考えられるだろうか。どのような措置になるにしても、

---

[9] 磯崎・前註（2）②論文128頁「[図3] 名古屋議定書の対象行為と時点」を参照。なお、そこでは、「法律行為」と「契約行為」が区別して記述されるが、国内法的には、契約行為も法律行為の一種となる。ここでいう「法律行為」は、提供国ABS国内法令が規定する行為（行政法的規制のもとでの行為）という意味であろう。

第1部 | 環境配慮の法理論

議定書15条2項は、「適当で効果的な、かつ、均衡のとれた」ものであるべきとしている。比例原則を示した確認規定である。

　国内措置を検討するうえで枠組みを提供するのは、環境基本法と生物多様性基本法である。環境基本法5条は、地球環境保全に関して、「我が国の能力を生かして、及び国際社会において我が国の占める地位に応じて、……積極的に推進されなければならない。」と規定する。生物多様性基本法前文第4段落は、「生物の多様性を確保するために、我が国が国際社会において先導的な役割を担うことが重要である。」と規定する。また、同法26条は、「生物の多様性に関する条約等に基づく国際的な取組に主体的に参加すること」を義務づける。両基幹法のこれら規定からは、比例原則に配慮するのは当然であるにしても、国際的に求められる最低水準の対応しかしないというような姿勢は正当化されない点が確認できる。

（b）確認の場面

（ア）通関時

　提供国に起因する遺伝資源に対して、提供国の国内法令に適合したPIC/MATが付されているかどうかを日本国内において確認する方法としては、どのようなものが考えられるだろうか。遺伝資源は輸入されるから、最も早期には、通関時に確認する方法がある。国内最上流の地点であり、それゆえにコストがかからないようにもみえる。しかし、提供国のABS法令、輸入にかかる遺伝資源に関するPIC/MAT情報が適時にクリアリングハウスに集積されていたとしても、確認作業は通関行政を担当する税関の業務になるが、現実には、十分な対応能力はない。遺伝資源は、拳銃や覚せい剤のような禁制品ではなく、絶滅危惧種のような希少品でもない。提供国が問題なしというかぎりにおいて流通が認められるものである。したがって、通関時において厳格な対応をする必要性は高くないし、またそれは、現実的でもない。

（イ）利用時

　収集が趣味で遺伝資源を輸入する者はいない。それを利用して、学術的価

値や商業的価値のあるものを生み出すのが目的である。いずれの場合においても、その作業が成功したときには、成果物は必ず社会に出る。そこで、そのタイミングをとらえて、遵守状況を確認するという方法がある。この点で、まったくアンダーグラウンドの世界での流通がありうる拳銃や覚せい剤などとは異なっている。遺伝資源でも、軍事利用目的の場合には、そうしたケースも考えられないではないが、制度設計の念頭に置く必要はない。

提供国のABS国内法令に適合したPIC/MATに関する情報に最も近いのは、ほかならぬ利用者である。したがって、輸入時から利用時において、利用にかかる遺伝資源に関して、適法なPIC/MATが付された状態にあることに十分注意を払う努力義務程度は規定できるだろう。PIC/MATの内容が問題になるのではなく（それを執行するのは、提供国である）、利用国としては、外形的遵守状況を確認すればよいのであるから、関係書類の提示を求めることも可能であろう。

（ウ）成果物発生時

成果物発生以前の段階においては、遺伝資源から利益は生じていない。そこで、成果物が発生したその時点をとらえて、PIC/MATの状況を確認する対応もある。輸入件数と比較すれば、相当に絞られているであろうし、成果物を活用したい遺伝資源利用者には行政による確認を求めるインセンティブが発生するから、効果的な運用が可能になるように思われる。

（c）確認の必要性

確認の必要性が高ければ、それなりの仕組みを整備しなければならない。個別の利用者においてPIC/MATに関して適正な状況にはないという情報提供が、たとえば組織構成員の内部通報によってもたらされるかもしれない。この点、検討会報告書は、「提供国政府以外の主体からの指摘に対しては政府としては対応するべきではない。」としている。名古屋議定書15条にもとづき締約国に求められているのは、きわめて受動的な対応のようである。この解釈が正しいとすれば、サンクションを用意してまで適正状態を確保しよ

第1部｜環境配慮の法理論

うというものではないとも考えられる。

(3) 立法措置か行政措置か

(a) 措置内容による違い

名古屋議定書15条1項は、締約国が講ずる措置の形式に関して、特定の方法を指定しているわけではない。したがって、議定書の要求水準を充たすかぎり、措置の根拠は、法律であっても要綱であっても問題はない。

もっとも、法治主義からは、私人の自由や財産を侵害する行政の行為については、法律の根拠を要する。であるが、名古屋議定書の国内措置が法律によってなされるとすれば、条約の国内対応措置としての法制化に関するこれまでの経緯から、それは、内閣提出法案となる。その場合、実務的には、いわゆる法律事項（法規範）がそれなりに含まれていなければならないようである。ところが、それなりの数がなければ法律案にはならない。立法措置を考える場合には、どれほどの法律事項を用意するかがポイントになる。

名古屋議定書の「中核規定」[10]である15条1項に関して、締約国としての日本が国内的に整備すべきは、国内で利用される提供国起因の遺伝資源に関して、同国のABS国内法令に適合したPIC/MATが取得・設定されているかを確認する仕組みである。かりに、当該遺伝資源を利用して成果物が得られたときに確認するとすれば、関係者に届出義務を課す方法があるだろう。無届での一般的利用に対してサンクションを課（科）すとすれば、立派な法律事項であり、これを「本則」の中心にして1本の法律にするのは可能なように思われる。こうした対応は、たとえば、スイスの国内措置として法制化されているようである。デンマークは、さらに踏み込んで、提供国ABS国内法令違反の遺伝資源の利用を刑罰の担保をもってデンマーク国内で禁止している[11]。議定書の要求水準をはるかに超える内容であろう。

一方、利用国としてはそこまで踏み込んだ対応はせず、たとえば、提供国

10　磯崎・前註（2）①論文15頁。
11　前註（6）参照。

から指摘があった際に、具体的利用者に対して照会をする程度の措置にとどめるのであれば、そうした措置は、日本法の構造でいえば「雑則」に規定される内容になる。「総則」は別にしても、「本則」を欠き「雑則」しかないような法律は、現実には考えにくい。したがって、法律ではなく要綱のようなものに規定が設けられることになるのだろうか。しかし、それでは、あまりに行政任せであり、透明性に欠ける[12]。

(b) 関係団体の自主規制

日本国内において、遺伝資源については、学術的利用や商業的利用がされる。それぞれについて何らかの団体が組織されているのであれば、その自主規制に大幅に委ねることを基本として、中央政府は緩やかな事実上の監視をすることで議定書の義務を果たしたとするという方法も考えられる。論文の受理や製品の上市にあたって、適正なPIC/MATが取得・設定されているかを、当該団体が確認し、運用状況を行政に事後的に報告するのである。こうした仕組みを団体に申請させ、それをいわばパッケージとして主務大臣が認定する。そうした組織に属さないケースについては、原則に戻って、主務大臣が直接確認をする。これは、法律事項になるだろう。

(c) 法律によることの意味
(ア) 法律に対する抵抗

検討会報告書は、「学術界、産業界及びNGOを含めたオールジャパンの体制の下で、関係省庁が一丸となり議定書の締結に必要な国内措置の検討を進めるべき」と締めくくった。それは、「日本の国益に資する」ものでなければならない。しかし、それは、業界・学界の狭い利益とイコールではなく、冒頭に記したように、環境基本法および生物多様性基本法が国際協調のあり方として示すような枠組みのもとで理解・把握されるべきものである。

---

12 磯崎・前註（2）①論文23頁は、「規制管理プロセスが行政部門内部で完結しないように、情報公開と透明性の確保が不可欠」とする。

第1部 環境配慮の法理論

　公開で行われた検討会においては、学術団体系委員および産業団体系委員から、「法律＝過重規制ゆえ受け入れ難い」という認識がしきりに示された。たしかに過度に規制的な内容になれば、学術研究や産業活動の国際競争において負の影響を及ぼすであろう。しかし、そもそも過剰な規制は、比例原則に反して違法である。どのような原体験にもとづくのかは不明であるが、法律に対する相当の嫌悪感・恐怖感があるようにみえる。

　法律が制定されることとそこで過度な規制がされることが次元を異にしているのは明白である。複層的な理解が重要である。たしかに、名古屋議定書の国内対応は、これまでの環境条約とは相当に異なった内容になる。実現が求められている内容は、実体的なものではない。行政の関与があるとしても、形式的である。したがって、環境法学としても、これまでとは異なった発想で検討しなければならない。

（イ）ひとつの制度設計：総論と個別規制スキームの統合型

　名古屋議定書をめぐる議論においては、日本が何についてどこまでの措置をする必要があるのかの解釈が揺れているような印象を受ける。それを確定させるのは、条約の批准をする立法府の役割であろう。これは、環境基本法や生物多様性基本法を踏まえたものとなるため、行政的というよりも政治的な作業にふさわしい。その内容は、法律が制定されるとすればその総論部分に明記されるべきである。

　論文の受理や製品の上市の際に、当該遺伝資源に関して適正なPIC/MATが取得・設定されているかの確認を中央政府がすることを原則としつつ、一定要件を有する団体が自主規制の仕組みをつくって承認を得た場合には、その構成員に対する運用を当該団体の自治に委ねるという仕組みは、十分に検討に値するように思う。この制度であれば、承認は行政処分になり、団体側のパフォーマンス次第でその撤回もありえるが、より緩和的にたんに届出とすることも考えられよう。事務の実施については、事後的に報告を求め、相当の理由がある場合には、是正のための措置を勧告する程度の関与はあってしかるべきであろう。提供国から具体的利用に関する違反の申立てがあった

80

際に、（立入調査までするかたんなる報告要請にとどめるかは別にして）必要な調査ができる根拠規定も必要であろう。各団体に対しては、一定の範囲で活動実績の公表を求めることで、アカウンタビリティを果たさせる。重要なのは、利用者がルールを意識して行動することであり、そのためには、規制主体を身近な場所に置くのが効果的である。自主規制を重視するが、まったくの放任ではなく、枠組み的な法律のもとに置くというのは、国際社会に対しても、利用国の国内措置としてそれなりに説得力を持つ制度設計ではないだろうか[13]。

5 国内措置としてのABS指針

(1) 2016年当時の状況

条約の締約国となるにあたっての日本の慣行は、そのときまでに国内実施のための措置が講じられていることである[14]。報告書取りまとめから2年以上経過した2016年当時においては、できるかぎり早期の締結を目指して鋭意調整中であり批准をする段階ではないというのが、中央政府の状況であった。名古屋議定書が採択された生物多様性条約のCOP10（2010年）においては、新たな生物多様性条約戦略計画である愛知ターゲットも採択された。その16は、2015年までに国内法制度に従った名古屋議定書の施行・運用を宣言していた。楽観に過ぎたのだろうか。

どのような国内措置が名古屋議定書の要求を充たすものなのだろうか。中央政府においては、その実質的解釈権限は、「確立された国際法規の解釈、実施に関する業務」を所掌する外務省国際法局国際法課にある（外務省設置法4条1項5号、外務省組織令80条3号）。調整の中心は、環境省自然保護局自

---

13 北村喜宣「一発で決めない!?：国内法としての「枠組法＋議定書」」『環境法政策の発想』（レクシスネクシス・ジャパン、2015年）194頁以下参照。内容の詳細は不明であるが、磯崎・前註（2）①論文23頁は、「基本法的な枠組みが必要」とする。

14 松田誠「実務としての条約締結手続」新世代法政策学研究〔北海道大学〕10号（2011年）301頁以下・313頁参照。

然環境計画課生物多様性施策推進室であるが、関係省庁・関係団体との調整作業は相当に難航した。

　もとより、国内措置の妥当性は、締約国の自己評価によってのみ定めるものではない。日本との関係で提供国となり、それゆえにその国内法令の日本における遵守に関心を持つ他の締約国の評価から超然としているわけにはいかない。2016年時点で、43か国が国内措置を講じていた。国際的には、それなりの「措置の相場」が形成されるであろう。もちろん、それは形式的・外形的に評価されるのではなく、それぞれの締約国のガバナンスを踏まえ、結果として名古屋議定書が求める状態が実現されているかによって評価されるべきものである。われわれは、国際社会において、信頼される遺伝資源利用国になれるのだろうか。

（2）ABS指針の策定

　国内調整の結果としてつくられたのは、法令ではなく指針であった。中央政府は、2017年5月18日に、名古屋議定書に対応した国内措置として、「遺伝資源の取得の機会及びその利用から生ずる利益の公正かつ衡平な配分に関する指針」（財務省、文部科学省、厚生労働省、農林水産省、経済産業省および環境省の共同告示）を公布し、同年5月22日に受諾書を寄託して名古屋議定書を締結したのである。「ABS指針」と称される。ABS指針は、同年8月20日に、名古屋議定書の国内発効と同時に施行された。

　本章の検討の視点に照らせば、かなり後退した形式・内容としての実現である。中央政府は国内措置を2017年に決定するという方針であったといわれるが、その範囲で合意できる内容だったのだろうか。いずれにせよ、ABS指針の実施にあたっては、関係者において、国際的要求水準を十分に充たす努力が求められるところである。

事業者の意思決定への
法的アプローチ

Part 2

第6章

行政罰・強制金

〔要旨〕

　行政法のもとでの義務づけが履行されるようにするための手法として、行政罰がある。その中心となる刑罰については、直接適用（直罰制）や間接適用（命令前置制）、両罰規定、法人重科など、抑止力の向上のために工夫が重ねられてきた。しかし、刑罰規定は、それほど活用されていない。このため、過料への転換や繰り返しの賦課が可能な強制金の導入が提案される。それと同時に、的確な適用を可能にするためのリソースの充実は不可欠である。また、リンケージ制度など効果的な組み合わせも検討に値する。

第2部 事業者の意思決定への法的アプローチ

1 直接的強制力を行使しない義務履行確保手法

　行政作用法の特徴は、種々の手法を用いて人間の意思決定に影響を与え、法目的を実現する方向にその行動を向かわせる仕組みが規定されている点にある。立法者は、法律を通じて、あるいは、法律により授権をした行政庁が発出する処分を通じて、一定の対象者に、作為・不作為を義務づけている。

　もっとも、義務づけるだけで履行が実現されると期待するのは非現実的である。そこで、行政作用法は、義務が履行されなかった場合の措置を規定することで、潜在的違反者にシグナルを送り、「違反をする」という意思決定に抑制的影響を与え、もって義務履行へと誘導しようとしている。「行政法の義務履行確保手法」と呼ばれるものがそれである。これには、情報的手法もあるが、本章で中心的に取りあげるのは、権力的性格を持つ「行政罰・強制金」、具体的には、伝統的に「行政罰」として整理される「行政刑罰（自由刑、罰金）」と「秩序罰（過料）」、そして、「執行罰（強制金）」である。さらに、代替的・補完的手法としての犯罪収益没収、通告処分・反則金、課徴金にも触れる。

　これらは、行政法の義務履行確保・目的実現のための「直接の強制力を行使しない刑事的・非刑事的な間接的手法」である。規制対象者に対して、それが発動された場合の積極的な（経済的、社会的、道徳的）不利益を認識させることにより、規範逸脱への「負のインセンティブ」を与える。発動前において予定される機能と期待される効果は、「一般抑止的」である。

　少なくとも制度としては、発動後に「個別制裁的」効果が発揮され、その結果、「一般抑止的」効果が増強されるという「正のスパイラル」が期待されている。一般に、義務履行確保手法は、両方の効果を併有している。制裁とは、違反者に対して社会的非難を加えることを企図した仕組みであるが、それが不利益的に機能するかどうかは、別の問題である[1]。以下では、行政

1　「制裁」という用語をめぐる議論については、宇賀克也「行政上の義務の実効性確保(2)」法学教室296号（2005年）49頁以下・49頁、佐伯仁志「制裁」『岩波講座　現代の法4　政策と法』（岩波書店、1988年）215頁以下・216〜217頁参照。

86

第6章　行政罰・強制金

罰・強制金を中心とする間接的義務履行確保手法につき、代替的手法や実施体制を含めて検討する[2]。

2 日本国憲法のもとでの行政強制制度改革

（1）戦前の制度

　現在と同じく、戦前においても、法律により直接に命じられたり行政処分により命じられたりする義務の履行確保に関しては、司法的執行システムである刑事罰が法定されていた。そのほかに、戦前の法制度に特徴的なのは、行政的執行システムが完備されていた点である。行政法上の義務は、①他人が代わってなすことができる作為義務（代替的作為義務）、②他人が代わってなすことができない作為義務（非代替的作為義務）、③不作為義務に分類されるが、1900年制定の一般法たる行政執行法は、①について、代執行（5条1項1号）、②③について、強制金としての過料（同項2号）（執行罰といわれることが多いが、本章では、強制金という。）[3]を規定した。さらに、これらの

2　本章の議論は、「行政法によって義務が課されていること」を前提としている。この点で、検討対象とするものは、「行政法の実効性確保手法」の部分集合である。畠山武道「サンクションの現代的形態」『岩波講座 基本法学8 紛争』（岩波書店、1983年）（以下、『紛争』として引用。）365頁以下・381～382頁参照。本章の検討対象を含みつつより広く議論するものとして、宇賀・前註(1)論文、同「行政上の義務の実効性確保」法学教室295号（2005年）65頁以下、礒野弥生「行政上の義務履行確保」雄川一郎＋園部逸夫＋塩野宏（編）『行政過程』［現代行政法大系2］（有斐閣、1984年）227頁以下、碓井光明「行政上の義務履行確保」公法研究58号（1996年）137頁以下、須藤陽子『行政強制と行政調査』（法律文化社、2014年）、日本都市センター（編）『行政上の義務履行確保等に関する調査研究報告書』（日本都市センター、2006年）（以下、『報告書』として引用。）、三好規正「地方公共団体における法執行の実効性確保についての考察」法学論集［山梨学院大学］61号（2008年）205頁以下参照。テキストとして、阿部泰隆『行政の法システム（上）〔新版〕』（有斐閣、1997年）278頁以下・399頁以下、大橋洋一『行政法〔第3版〕現代行政過程論』（有斐閣、2016年）299頁以下、塩野宏『行政法Ⅰ〔第6版〕行政法総論』（有斐閣、2015年）243頁以下など参照。行政刑罰を除けば、本章の検討対象は、曽和俊文「経済的手法による強制」同『行政法執行システムの法理論』（有斐閣、2011年）25頁以下のいう「執行強制金」に相当する。

3　宇賀・前註(1)論文69頁、西津政信『間接行政強制制度の研究』（信山社出版・2006年）179頁も参照。

87

第2部 事業者の意思決定への法的アプローチ

第1次的手段によっては義務履行が確保できない場合や急迫事情がある場合には、第2次的手段として、直接強制（同条3項）を用意した。行政執行法は、行政強制に関するそれまでの無秩序状態に、一応の法的根拠を与えたのである。

行政執行法の運用の実態については、一般法的根拠を与えた即時強制（とりわけ、保護検束・予防検束（1条）や宅宅侵入（2条））に濫用的利用状況があったようであり、また、実際の過料は低額ゆえに効果に乏しく手続ばかりが煩雑と認識されていた。直接強制も、濫用気味であったようである[4]。このため、戦後の法律改革のなかで、行政執行法は廃止されることになる。

(2) 不作為義務と非代替的作為義務に関する行政刑罰中心主義

行政執行法を廃止して1948年に制定されたのが、行政代執行法である。同法は、上記①に関する行政強制の一般法であるが、②と③については規定していない。そこで、これらに関する行政強制制度は、別体系によることになるが、一般法は制定されず、また、個別法規定も十分に発展することはなく[5]、基本的に、行政罰（行政刑罰および過料のうち、とりわけ、前者）によって受けとめられることになった。戦後においては、厳格な司法的統制に服するがゆえに濫用のおそれが少ないと考えられたために行政刑罰が多用されたという傾向はある。ただ、現在の時点でみるならば、行政刑罰中心主義は、積極的選択の結果ではなく、義務履行確保に関する法政策論が進展しなかったがゆえの消極的選択の結果といえよう。

かくして、「手持ちのカードが行政刑罰しかない」という状況は、学問的批判を受けつつも、立法者の側に、行政刑罰に対する過大な期待と安易な依存を生んだ[6]。行政刑罰は、高度の違法性や有責性が認められる場合に科す

---

4 一般的には、関根謙一「行政強制と制裁」ジュリスト1073号（1995年）62頁以下、田中二郎『新版行政法上巻〔全訂第2版〕』（弘文堂、1974年）169〜184頁参照。よるべき実証研究が少ないなかで、西津・前註（3）書29頁以下は、貴重な知見を提示している。

5 市橋克哉「日本の行政処罰法制」名大法政論集149号（1993年）109頁以下・110頁参照。田中二郎「新行政執行制度の概観（1）」警察研究19巻8号（1948年）3頁以下・4頁は、「むしろ、必要に應じ、個々の法律の中に、具體的に規定するだけで十分」としていた。

というのが、理論的整理である[7]。おそらく、個別法の世界においては、それなりに完結的な説明がされるのであろうが、行政法全体からみれば、およそ可罰性のない行為をも犯罪化している傾向は否定しがたい。しかし、それは、前科を与える措置であるがゆえに（たとえ、適用する意図がないとしても、）「実効性」があると考えられ、規制法の標準装備として位置づけられた。前例踏襲的な横並び起案・横並び審査の実務運用が、行政刑罰の不合理な拡大再生産をもたらした面もある。

3 行政刑罰の諸論点

(1) 法的性質

行政刑罰とは、行政法により課された義務の違反に対して適用される刑罰である。刑の種類としては、刑法9条に規定される死刑、懲役、禁錮、罰金、拘留、科料、没収があるが、現行法に規定されている刑罰の大半は、懲役と罰金である[8]。

刑罰である以上、行政刑罰の対象とされる犯罪を刑法の対象となる刑事犯と法的性質において区別する理由はない。たとえば、過失犯・未遂犯を処罰する場合や法人を処罰する場合には、明文の規定を要する。交通事件即決裁判手続法のような例外はあるものの、科刑手続は、刑事訴訟法の定めるとこ

6　阿部・前註(2)書455頁、大橋・前註(2)書394頁、佐伯・前註(1)論文223頁、関根・前註(4)論文70頁、市橋克哉「行政罰：行政刑罰、通告処分、過料」公法研究58号(1996年)233頁以下・233頁、川出敏裕「行政罰の現状と課題」前註(2)『報告書』70頁以下・71頁参照。刑事法学者の批判として、井戸田侃「行政法規違反と犯罪：行政刑法序説」団藤重光＋平場安治＋平野龍一＋宮田裕＋中山研一＋井戸田侃(編)『犯罪と刑罰(上)』[佐伯千仞博士還暦祝賀](有斐閣、1968年)153頁以下・162頁、佐伯千仞「可罰的違法序説：違法概念の形式化による刑罰権濫用阻止のために」末川先生古稀記念論文集刊行委員会(編)『権利の濫用 上』[末川先生古稀記念](有斐閣、1962年)221頁以下・242頁参照。

7　井戸田・前註(6)論文153頁参照。

8　内田文昭「特別刑法の体系」伊藤榮樹＋小野慶二＋荘子邦雄(編)『注釈特別刑法〔第1巻〕』(立花書房、1985年)3頁以下参照。

ろに従い、通常の刑事罰と同様になされる[9]。

(2) 直接適用と間接適用

行政刑罰の対象行為には、「法律による一般的義務づけの違反」と「法律にもとづく命令による個別的義務づけの違反」がある。前者を直接適用型（直罰制）、後者を間接適用型（命令前置制）という。命令前置制の前提には、法律による直接的義務づけがある場合が多い。その違反を理由に命令が発出されれば、当該命令違反に対しては、再犯加重的評価がされる。「廃棄物の処理及び清掃に関する法律」（廃棄物処理法）のような例外はあるが、一般に、刑罰の内容は、命令違反罪の方がより厳しい。直罰制のもとでは、行政からの告発によるほか、警察や海上保安庁などの捜査機関が独自の捜査をして立件するのが可能であるのに対して、命令前置制の場合は親告罪的であって、命令を発出した行政からの告発を待っての捜査となることがほとんどである。刑事罰の側からみれば、「行政従属的」といえる。

どういう場合にどちらが採用されるかについて、明確な法政策はないが、次のような傾向が観察される。一般的義務づけはされているものの直罰制とするには義務内容が一義的明確でない場合には、命令前置制となる。例として、大気汚染防止法の粉じん規制がある（18条の3、18条の4、33条の2第1項2号）。直罰制においては、構成要件が明確でなければならない。それほどの悪質性・非難可能性が認められない義務違反に対しては、命令前置制となる。例として、騒音規制法の規制基準違反（5条、12条、29条）や大気汚染防止法の揮発性有機化合物規制がある（17条の9、17条の10、33条）。違反の成立に一定時間の経過を要するような場合には、直罰制になじまず、命令前置制となる。例として、水質汚濁防止法の総量規制がある（12条の2、13条3項、30条）。履行の期待可能性がない場合にも、命令前置制となる。例として、土壌汚染対策法の土壌状況調査・報告義務がある（3条1項、3項、

---

9 行政刑罰をめぐる学説の展開については、田中利幸「行政と刑事制裁」雄川ほか・前註（2）書263頁以下、福田平『行政刑法〔新版〕』（有斐閣、1978年）参照。

第6章　行政罰・強制金

38条）。

　これに対して、行政庁が命令の発出に慎重になるがゆえに被害の拡大が懸念される場合には、（命令前置制に加えて）刑事捜査機関の直接的対応を可能にする直罰制が選択される。例として、水質汚濁防止法の排水基準規制がある（12条、31条1項1号）。命令の履行が容易であるがゆえに違反が再発してしまうような場合には、直罰制となる。例として、廃棄物処理法の屋外焼却規制がある（16条の2、25条1項15号）。処理基準違反である屋外焼却行為に対しては、同法2000年改正までは、命令前置制であった。違反による実害リスクが高いと認識される場合にも、直罰制となる。例として、消防法の危険物規制がある（39条の2）。同法の特定防火対象物規制は、「保育行政」的性格が強いとされているがゆえに命令前置制となっている（17条の4、41条1項4号）ことと対照的である。

（3）組織活動と違法行為

（a）両罰規定

　刑法8条は、刑法総則が他の法令に規定される罪についても適用されるとしつつ、「その法令に特別の規定があるときは、この限りでない。」と規定する。この「特別の規定」の例が、業務に関して違反をした現実の行為者のほか、その者を使用する事業主体も罰する「両罰規定」である。「行為者を罰するほか、その法人に対して各本条の罰金刑を科する。」という規定ぶりが典型的である。結果責任を問うようにみえるが、事業主が選任・監督に関する無過失を立証すれば責任は問われない過失推定規定である（最大判昭和32年11月27日刑集11巻12号3113頁）。

　多くの経済活動が企業活動として行われ、その過程において法規違反が発生することに鑑みれば、違反をした個人のみの刑事責任を問うにとどまるのでは、違反抑止の効果に欠ける。最近では、企業全体としての法令遵守が注目されているが、法人の責任をも問う両罰規定は、そうした体制整備へのインセンティブを生み出す意味でも、妥当な制度である。法令遵守体制整備に対する社会的要求の高まりに鑑みれば、実質的には、結果責任

91

第2部　事業者の意思決定への法的アプローチ

が問われよう。

(b) 法人重科

　両罰規定の罰金額については、個人が違反をした場合の額と同額とする連動制が、長らく原則であった。ところが、いわゆる「連動切離し」を可能とする方向が法務省法制審議会で確認されて以降、一層の抑止効果と制裁効果を期待して、個人犯に比してかなり高額の罰金を科す法律も目立つようになっている。これを、法人重科という。

　たとえば、廃棄物処理法は、無許可処理業や不法投棄に対して、個人が（5年以下の懲役または）1,000万円以下の罰金（および併科）のところ、3億円以下の罰金刑を規定している（32条1項1号）。なお、自主的にであれ措置命令を通じてであれ、違反行為の悪影響を原状回復させる必要がある場合には、かなりの費用を要する。罰金として国庫に支払われ、「法務省歳入」（約800億円）となってしまうことが現実の原状回復作業に与える影響は少なくない。法人重科の例としては、そのほかにも、金融商品取引法207条1項1号（7億円以下の罰金）や商品先物取引法371条1項1号（5億円以下の罰金）がある。違反者の財布はひとつなのであって、高額罰金の支払いにより違法行為による損害の補塡に影響が生じうる問題は、共通して存在している。

(4) 罰金刑と懲役刑の併科

　「1年以下の懲役若しくは10万円以下の罰金に処し、又はこれを併科する。」（採石法43条）という条文のように、同一の違反行為に対して、懲役刑と罰金刑の両者を適用する旨が規定されることがある。これは、二重処罰の禁止原則に抵触するようにみえるが、一般に、そのような整理はされていない。同一の刑事手続を通じての併科であるがゆえに、「二重」ではない。だからといって、併科が常に適法というわけではない。違反行為の内容との関係で過重な制裁となれば、比例原則違反と評価されよう[10]。

10　佐伯・前註（1）論文228 〜 230頁が、的確に提示する視点である。

4 過料の諸論点

(1) 法的性質

　行政罰のひとつに分類される「秩序罰としての過料」は、「罰」とはいうものの、刑法9条に刑名のある刑罰ではない。行為の反倫理性に対して社会的非難をするものではない点で、刑罰と異なる。秩序罰とは、行政法の目的達成に深刻な影響を与える義務違反ではないが、さりとて、違反に対して何の措置も講じないのでは履行を期待できないことから、手続義務違反など事務実施秩序維持を実現するための手法として創出された概念である。

　たとえば、住民基本台帳法は、転入日から14日以内に市町村長への届出を義務づけるが、正当な理由なくこれを怠った者は、5万円以下の過料に処される（22条1項、53条2項）。一般には、低額であるが、会社法976～978条、弁理士法84条、保険業法333条のように、100万円以下の過料を規定する法律もある。手続的義務違反ではあるが、当該法律秩序の維持にあたってそれが重大な問題となるがゆえの措置であろう。なお、実定法上、必ずしも「過料」という文言が用いられるわけではない。道路交通法に新設された違法駐車に対する放置違反金（51条の4）は、「秩序罰としての過料」の性格を持つとされる。

　過料は、手続違反など行政刑罰の対象となる違反行為よりは悪質性が低いものに適用されるといわれるが、そうしたものも行政刑罰の対象とされることがあるのであって[11]、現行法をみるかぎりでは、統一的な立法政策にもとづいているようには思われない。この点に関しては、現行法制の網羅的調査を踏まえて統一的な立法指針をつくることが提案されている[12]。

11　川出敏裕＋宇賀克也「行政罰：刑事法との対話」宇賀克也＋大橋洋一＋高橋滋（編）『対話で学ぶ行政法：行政法と隣接法分野との対話』（有斐閣、2003年）87頁以下・90頁は、いくつかの過料規定について、罰金が相当としている。
12　宇賀・前註（1）論文56頁参照。規定の不統一さについては、早い時期から指摘がされていた。田中二郎『行政法講義 上』（良書普及会、1965年）310頁参照。同書同頁は、その特殊性ゆえに、政府がGHQから全廃を勧告されたというエピソードを紹介する。

（2）過料の賦課と行政刑罰との関係

　刑罰でない以上、過料賦課にあたっては、刑法総則や刑事訴訟法は適用されない。したがって、明文規定なく過失による違反行為に過料を科すことも可能であろうが、その旨を規定するのが適切である。法律に規定される過料は、特別の定め（例：公安委員会による放置違反金賦課を規定する道路交通法51条の4）がないかぎり、非訟事件手続法119条以下の手続に従って科される。この手続は、刑事訴訟法手続と比較しても、迅速性、効率性、確実性において劣り、糾問主義的・職権主義的であって当事者の権利保障の点で問題があると評されている[13]。

　また、刑罰ではない過料は、行政刑罰とは目的、要件、実現手段を異にするため、同一の違反行為に対して、行政刑罰との併科を可能とするのが判例である（最2小判昭和39年6月5日刑集18巻5号189頁）。比例原則に反しないかぎりで併科が認められると考えるべきであろう。なお、解釈論はさておき、そうした立法政策をとることの合理性には、疑問が持たれる[14]。住民基本台帳法51条のように、刑罰を科された場合には過料を科せないとする方が適切である。

（3）条例にもとづく過料

　第1次分権改革の成果として1999年に制定された「地方分権の推進を図るための関係法律の整備等に関する法律」による地方自治法改正によって、条例のなかに5万円以下の過料を一般的に規定することが、明示的に認められた（14条3項）。規則にもとづく過料（15条2項）とともに、地方自治法の規定に従って賦課・徴収される（255条の3、231条の3）。

　第1次分権改革以前は、機関委任事務とされたものについては、規則による権利制約や義務賦課が可能であったが、現在では、基本的に、条例によるべきことになった（14条2項）。条例にもとづく過料は、かつては公の施設の管理条例など限定的場合にのみ認められていたが（旧法244条の2第1項）、そ

13　田中・前註（9）論文269～270頁参照。非訟事件手続法による過料事件については、金子修『逐条解説 非訟事件手続法』（商事法務、2015年）404頁以下参照。

14　塩野・前註（2）書227頁、田中・前註（9）論文276～277頁参照。

第6章　行政罰・強制金

のままであると、それ以外の条例の違反行為に対しては、懲役や罰金などの行政刑罰による対応しかできなくなってしまう。そこで、過料を一般的に適用できるとすることにより、条例の履行確保手法の幅を拡げたのである[15]。地方分権改革後の独自条例をみると、罰金ではなく過料を選択する事例が増加している。なお、自治体が科すことができる過料には、詐欺その他の不正行為により分担金などの徴収を免れた者に対する「5倍相当額」というものもある（228条3項）（最1小判昭和61年5月29日判自64号54頁参照）。

5 活用されない行政罰

（1）行政罰適用の状況

　行政法違反に対する行政刑罰の適用状況については、『司法統計年報』、『検察統計年報』、『犯罪白書』などが、データを提供している。件数の多寡のみで評価するのは困難であるが、それでも、おおよその傾向は観察できる。『平成18年度版犯罪白書』にもとづきこれをみれば、行政刑罰の対象となるいわゆる特別法犯に関する検察庁新規受理人員（平成28年）は40万2,200人であった。違反の上位10法のなかでは、道路交通法 31万819人（77.3％）が群を抜いている。それを除く9万1,381人の内訳は、覚せい剤取締法 1万7,070人（4.2％）、軽犯罪法 8,318人（2.1％）、廃棄物処理法 6,835人（1.7％）、銃刀法 5,583人（1.4％）、「出入国管理及び難民認定法」4,251人（1.1％）、自動車損害賠償保障法 3,483人（0.9％）、大麻取締法 3,483人（0.9％）、「風俗営業等の規則及び業務の適正化等に関する法律」2,713人（0.7％）、「自動車の保管場所の確保等に関する法律」2,504人（0.6％）となっている。若干の順位変動はあるが、全体的状況は、この数年変わっていない。このかぎりでは、行政刑罰は積極的に適用されているといえそうである。

15　松本英昭『新版逐条地方自治法〔第9次改訂版〕』（学陽書房、2017年）200～201頁参照。条例にもとづく過料に関する最近の研究として、須藤陽子「地方自治法における過料」行政法研究21号（2015年）1頁以下、碓井光明「地方公共団体の科す過料に関する考察」明治大学法科大学院論集16号（2015年）63頁以下参照。

第2部｜事業者の意思決定への法的アプローチ

ただ、特徴的なのは、警察が重要視する法律が上位を占めていることである。それ以外の行政法規は、「その他」の4万3,275人（5.0%）となる。この数字をどのように評価するかは難しい。一般には、直罰制にせよ命令前置制にせよ、行政刑罰は十分に活用されていないという理解がされているようにみえる[16]。結果として、行政刑罰の量的拡大が、「処罰されない犯罪」の量的拡大につながっている。その一方で、軽微な違反に対して身柄拘束を伴う取調べをするという制度逸脱的運用の可能性も拡大する。

（2）活用されない法制度的・組織的理由

捜査の契機は、行政からの告発と警察独自のものに大別できる。一部の例外はあるが、全体としてみれば、いずれもが低調である。「行政刑罰は動かない」と認識されている理由を整理すると、次のようになる[17]。行政側の事情としては、①違反是正はあくまで行政指導を中心とする行政措置でされるべきという認識から、告発を「行政の失敗」と考えること、②実害を伴わない形式的違反が多いという認識から、刑罰を適用するまでもないと考えること、③適用に行政コストがかかる割には有罪となっても低額の罰金刑であるがゆえに制裁効果に疑問を持っていること、④刑罰を科しても義務履行が実現されるとは限らないと考えること、⑤継続的関係を持たなければならない被規制者を「前科者」にしてしまうことで敵対的状況が生みだされると考えること、⑥平等原則の観点から「告発にふさわしい違反」のレベルが高くなり、

---

16 北村喜宣『行政執行過程と自治体』（日本評論社、1997年）、松原英世『企業活動の刑事規制：抑止機能から意味付与機能へ』（信山社出版、2000年）参照。また、実務経験を踏まえた警察・検察関係者の論攷として、関根・前註（4）論文68～69頁、河上和雄「現在の刑罰は機能しているか」判例タイムズ609号（1986年）16頁以下、東條伸一郎＋角田正「罰金刑の見直しについて（上）（下）」判例タイムズ668号48頁以下、同671号31頁以下（1988年）参照。西津・前註（3）書52～54頁も参照。たとえ件数が多くても、処理しやすい違反にリソースを集中して社会的に問題の多い違反を見逃しているならば、意味のある活用とはいえない。

17 阿部・前註（2）書454～461頁、西津・前註（3）書52～55頁、北村喜宣「インフォーマル志向の執行を規定する制度的要因：自治体における規制執行活動の一断面と今後の研究課題」同・前註（16）書235頁以下、およびそこで引用されている文献も参照。

第6章 行政罰・強制金

結局、どの違反もその基準を満たさなくなること、などがある。警察・検察側の事情としては、①理解が必ずしも容易ではなく罰則もそれほど厳しくない行政法違反の捜査・起訴には、処理実績が乏しい申請もあって消極的になること、②行政法違反は刑罰によってではなくあくまで行政措置で対応すべきであり、自分たちは行政の尻ぬぐいをするのではないと考えること、③可罰性がある行政法犯はそれほど多くないと認識していること、④捜査リソースに絶対的な制約があること、などがある。もっとも、海上保安庁は、都道府県警察に比べると、海洋関係の環境犯罪への対応に熱心である。

こうした実態は、立法作業の現場では十分に認識されているはずである。それにもかかわらず、行政刑罰が特段の工夫もなく拡大再生産されているのは、奇異なことである。事後チェックを重視する「規制改革」の視点で行政刑罰の運用実態をとらえて、そのあるべき姿を正面から議論の対象とすべきである。

(3) 略式手続の多用

実際に科される行政刑罰のほとんどは罰金刑であり、しかも、その大半は、略式手続による処理である。自由刑といっても、執行猶予付きになる事例が多く、実刑が科されることは少ない。実刑となる行政法犯のほとんどは、実刑率の高い覚せい剤取締法違反や銃刀法違反、そして、道路交通法の累犯者といわれる。

前出の『犯罪白書』によれば、平成28年に略式手続によって罰金に処せられた者は、26万3,608人であり、その65.8％（17万3,502人）が道路交通法違反であった。略式手続で処理された同法違反による罰金額をみると、81.7％が20万円以下となっている。このように、額も低額であり、機械的処理のゆえに「プロセスを通じた制裁」の効果も少ないため、刑としての抑止力・感銘力には、疑問が呈せられている[18]。

そうした状況が、さらに悪化する懸念もある。すなわち、刑事訴訟法2007年改正は、略式手続に付することができる罰金・科料の上限額を、50

---

18 河上・前註（16）論文18〜19頁、佐伯・前註（1）論文232〜233頁参照。

万円から100万円に引き上げたのである（461条）。刑事手続である以上、略式手続であろうと公判手続であろうと、必要とされる証拠などは同等であるが、捜査現場には、「行政刑罰が適用しやすくなる」という意識もみられる。これが、「公判請求しないことと引き換えに罪を認めさせる」ことを意味しているのならば、問題のある運用である。

（4）過料の実情

　『司法統計年報』によれば、平成23〜28年においては、地方裁判所における過料事件の新受件数は、約3万件〜約4万件である。しかし、どのような法律のもとで科されたものなのかは不明であり、また、適用実態の研究は皆無といってよい状況である[19]。

　条例にもとづく過料の適用事例としては、「安全で快適な千代田区の生活環境の整備に関する条例」（千代田区生活環境整備条例）にもとづく路上禁煙地区内での喫煙行為に対する対応が有名である。たとえば2002年11月〜2007年5月において、3万5,334件の過料賦課処分をし、2万6,963件（76.3％）を現場徴収した。ほぼ悉皆執行ができる千代田区特有の事情が可能にする結果であり、きわめて例外的である。2008年度〜2016年度の9年間の年平均

19　『司法統計年報1民事・行政編』（最高裁判所事務総局）の各年版を参照。平成19〜28年における新受件数（地方裁判所）の推移は、50,082→44,285→40,147→36,038→34,634→32,483→43,215→42,064となっている。内訳としては、登記関係の手続的義務についての会社法違反の過料が多いのではないかと思われる。過料賦課手続においては、刑罰と異なり、警察の捜査を踏まえて検察が裁判所に起訴をするわけではない。違反事実を把握した行政が裁判所に通告して手続が開始される。その後は、当該行政から事件は離れ、裁判所、検察官、当事者の3者の間で手続は進行する。通告をした行政は、関係者ではないため、当該事件がどのような結末を迎えたのかを知ることができない。「空家等対策の推進に関する特別措置法」のもとでの運用については、北村喜宣「空家法の逐条解説」同『空き家問題解決のための政策法務』（第一法規、2018年）152頁以下・202頁参照。

20　北村喜宣「条例の義務履行確保手法としての過料：千代田区生活環境条例の試み」同『行政法の実効性確保』（有斐閣、2008年）27頁以下、同『自治体環境行政法〔第6版〕』（第一法規、2018年）276頁以下参照。千代田区条例のもとでの過料処分状況については、同区ウェブサイト（https://www.city.chiyoda.lg.jp/koho/machizukuri/sekatsu/jore/karyoshobun.html）参照。

第6章　行政罰・強制金

処分件数は、6,608件である（日平均約18件）[20]。なお、たしかに条例におい
ては、「罰金から過料へ」という傾向がみられるものの、実際の適用例は、
それほど多くない。

6 強制金の諸論点

(1) 法的性質

　強制金とは、行政法上の義務を将来のある時点までに履行しなければ一定
額の過料を課すことを通知し、履行なき場合にこれを強制徴収する行政強制
手法である。履行が不十分な場合にも、用いることができる。現行法の具体
的規定例は、唯一、砂防法36条にある。砂防法に即していえば、砂防工事
を施工することを拒んだ指定土地所有者（24条により、工事受忍義務が課せら
れている。）に対して、30条にもとづいて、「○月○日までに、工事を受忍せ
よ。」という非代替的作為義務の命令を行政庁が出すと同時に、「命令に従わ
ない場合は、○円の強制金を賦課徴収する。」という強制金賦課処分をする。
強制徴収してもなお履行されていなければ、同じ手続を繰り返すことは可能
である。

　行政執行法の廃止によって、非代替的作為義務や不作為義務に関する一般
的制度は存在しなくなった。もっとも、これは、一般的制度が違憲であると
か個別的制度が不要であることを意味するものではない[21]。強制金は、「そ
の効用が比較的乏しく」[22]とされているが、実際の利用を踏まえての評価で
はないようである。実際上は、面倒な行政手続を踏むよりも検束してしまえ
ば事足りたのであり、強制金は、たんに「出番がなかっただけ」ではないだ
ろうか[23]。なお、強制金の対象となるのは、理論的には、代替的作為義務を
含めてすべての義務である。

21　塩野・前註（2）書244～245頁、西津・前註（3）書32頁参照。

22　田中・前註（5）論文8頁参照。

23　田中・前註（9）論文270頁も参照。西津・前註（3）書43～48頁、175頁は、強制
金制度は十分な議論なく廃止されたとする。

第2部 事業者の意思決定への法的アプローチ

（2）「繰り返し課せる」

強制金の特徴のひとつは、義務違反という同一事実に対して、義務の履行があるまで繰り返し課すことができる点にある。強制金を賦課されてなお履行しないのは、かなり悪質であり、行政刑罰で対応すべきともいえる。しかし、強制金は、倫理的非難をするものではなく、たんに履行を強制するための手法である。

強制金は、停止命令のような不利益処分とは別の処分として課されるのであるから、罰金と過料の併科と同じ意味での併科が問題になるわけではない。制度設計としては、命令の履行があるまで、新たに履行期限を設定して、刑罰と強制金の両者を適用するのは可能である。むしろ、両者相まって法的義務の履行を確保しようとするものと整理できる。

（3）強制金賦課手続

旧行政執行法は、徴収に関して、「国税徴収法ノ規定ニヨリ之ヲ徴収スルコトヲ得」としていた（6条1項）。砂防法も、同様の規定を置いている（38条）。一方、賦課手続については、旧行政執行法にも砂防法にも、特段の規定はない。

7 間接強制手法の多様化

（1）厳罰化

（a）懲役の長期化と罰金の増額化

法律の効果が十分ではないと認識された場合の、ひとつの古典的な方策は、刑罰強化である。行政命令前置制を直罰制にする対応、そして、両罰規定における法人重科も、厳罰化の類型として整理できる。

たとえば、廃棄物処理法16条違反の不法投棄罪は、1970年の法律制定時には、「5万円以下の罰金」であったのが、「3月以下の懲役又は20万円以下の罰金」（1976年改正）、「6月以下の懲役又は50万円以下の罰金」（1991年改正）、「3年以下の懲役又は1,000万円以下の罰金（併科あり）」（1997年改正）、「5年以下の懲役又は1,000万円以下の罰金（併科あり）」（2000年改正）となって現在に至っ

第6章 行政罰・強制金

ている。改正法案の審議のたびに、抑止効果の増強が理由として語られるが、期待されたほどの効果があがっているとはいえない。厳罰化を受けて、取締側もリソースの傾斜投入をするものの、検挙されるのは「ほどほどに悪質な者」である。違反の巧妙化・密行化が進み、「真に悪質な者」はしぶとく生き延び、それがさらに手広く違法活動をするという悪循環がみられないではない。漁業法や「貸金業の規制等に関する法律」についても、そうした傾向がある。

　一般に、厳罰化は、現行法が十分に機能していないことが社会的に問題になってから検討される。立法事実はそれなりにあるから、法改正はそれほど困難ではない。ただ、（法律にもよるだろうが、）本来は、機能しない法システムそれ自体に目を向け、その抜本的改革をすべき場合もあるはずである。しかし、現実には、そうした時間的余裕はないことが多いため、とりあえず罰則強化となる。厳罰化の効果に関する実証的データはないが、結果的にみれば、法目的達成を遅延させている場合も多いのではなかろうか[24]。

(b) 日数加算制

　刑罰を単純に厳格化するという直線的な対応以外にも、たとえば、日数加算制度のような厳罰化方策もありうる[25]。違反の継続を立証するにあたって技術的困難があるのかもしれないが、この発想は、過料や課徴金などの非刑事的措置においても検討に値する。労働組合法32条は、使用者が裁判所の緊急命令に違反した場合に50万円以下の過料とし、さらに、命令翌日から起算して不履行が5日を超える場合に1日あたり10万円を加算するとしている[26]。

　日数制のもとでは、法律において、「違反1日あたり○円以下の罰金に処する」と規定される。これは、一般的な規定であるから、実際に、1日あたりいくらになるのか、違反が10日継続したとして毎日同額なのかは、起訴裁量によること

24　郷原信郎『「法令遵守」が日本を滅ぼす』（新潮社、2007年）第1章は、談合システムの構造や機能に目を向けずに制裁強化をしてきたことが、企業側における一層の隠蔽化をもたらしたと指摘する。

25　佐伯・前註（1）論文235頁参照。

26　東京地決昭和61年3月19日判時1193号146頁では、過料総額が700万円にも達している。

101

第2部｜事業者の意思決定への法的アプローチ

になる。また、違反期間を1日とするのか1週間とするのかは、立法裁量となる。

(c)「犯罪による収益」の剥奪

違反行為は、経済的動機にもとづいてされる場合が多い。とりわけ組織犯罪に、その傾向が顕著である。刑法19条1項3号の犯罪収益没収規定は、有体物に限定され、預金債権などの財産上の利益は対象とならない。そこで、当該違法行為によって得られた収益を広く剥奪することが、抑止・制裁効果の点からは重要になる[27]。刑事的対応としては、①罰金額を違法利益額に連動させるシステム、②罰金とは別に違法利益を剥奪するシステムが、考えられる。前者の例としては、所得税法238条2項および法人税法159条2項がある。後者の例としては、「組織的な犯罪の処罰及び犯罪収益の規制等に関する法律」（組織犯罪処罰法）がある。ただし、懲役4年以上の犯罪に限定される。

税法においては、それなりの適用事例があるが、組織犯罪処罰法のもとでは、「犯罪による収益」の特定が技術的に困難な場合が少なくないようである。対象となっている前提犯罪を規定する行政法の違反対応手法としては、必ずしも十分な成果をあげているわけではない。なお、先にもみた問題であるが、没収された収益は、罰金や過料と同様、国庫の一般会計に入るが、違法行為被害者の救済に充当するような仕組みも、検討に値する。

（2）刑罰からの離脱とダイバージョン

現在では、伝統的間接強制手法である行政刑罰に加えて（あるいは、それに代えて）、多様な手法が導入され、また、導入が模索されている。刑罰的処理の対象とされていた法令違反を、制度上、非刑罰的処理の対象に（も）することは、一般に、「ダイバージョン」と称されるが[28]、行政法の分野に

---

27 芝原邦爾『経済刑法』（有斐閣、2000年）199頁、髙山佳奈子「法人処罰」ジュリスト1228号（2002年）71頁以下・76頁参照。

28 井上正仁「犯罪の非刑罰的処理：「ディヴァージョン」の観念を手懸りにして」前註（2）『紛争』395頁以下参照。なお、行政刑罰規定の執行をしないことで事実上のダイバージョンが実現される点にも、留意が必要である。

102

おいても、そうした傾向を観察できる。これには、刑罰的処理の可能性を留保する刑罰存置型と、刑罰の対象からは完全に外す刑罰代替型がある。親告罪化も、ダイバージョンの一種であろう。

刑罰存置型の例には、国税犯則取締法にもとづく通告処分がある（14条）。間接国税に関する犯則調査により国税局長または税務署長が犯則の心証を得たときは、当該犯則者に対して、罰金または科料の相当額を納付すべきことを通告しなければならない。被通告者が通告に従って納付をした場合には、同一事件について、公訴提起されなくなる（16条1項）。同様の仕組みは、関税法（138条）などにもある。1967年の道路交通法改正で導入された反則金制度（128条以下）は、通告処分にならって制度化されたものである。刑罰代替型としては、「出雲市飲料容器及び吸い殻等の散乱の防止に関する条例」（出雲市ポイ捨て禁止条例）のように、従前の罰金規定を過料にする改正をした例が散見される。行政の執行意欲を示す対応である（が、現実には、積極的に執行されているわけではない）。

行政作用法が無自覚に行政刑罰を増殖させてきたこと、そして、行政刑罰の効果が必ずしも十分には発揮されていないことに鑑みれば、行政刑罰への不合理な過剰依存を是正しつつ規制効果を向上させる代替的手法として、意識的にダイバージョンを考えることは有用である。既存法のみならず、新規立法の立案の際にも、こうした発想での検討が必要である。

刑罰代替型ダイバージョンをした場合、警察の捜査はできなくなる。手続的違反にとどまらず、実体的違反をもその対象とする場合には、行政による調査だけでは十分な証拠が得られない可能性がないではない。相手を被疑者とみて証言の矛盾を突いてゆくような事情聴取をする警察とは異なり、相手の言い分を鵜呑みにする傾向にある行政はどうしても「聞き取り調査」になりがちである。一定の強制措置を裁判所の令状にもとづいて認めることも考えられるが、行政の実情には変わりはない。これは、刑罰代替型でも刑罰存置型でも同様である。なお、別件逮捕や公訴権濫用がされてはならないことは当然である。また、罰金でなくなれば、不支払者に対しては、労役場留置（刑法18条）ができなくなる。

（3）過料の活用

（a）行政刑罰の代替

　行政刑罰の機能不全を背景に、おそらくは発動の相対的容易さを理由にして、過料を活用すべきという執行法政策は、一般的には、広く支持を集めているように思われる[29]。ほぼ同一の内容は、「行政強制金」としても議論できる。

　その背景には、現行法は、本来的に行政刑罰の対象とすべきでないような違法行為までをも対象としているという認識がある。こうした状況があるとすれば、それは、比例原則違反ないし実体的デュー・プロセス違反であり違憲である[30]。そこで、行政法違反の行為のうち、倫理的非難可能性が低いもの、定型的違反が大量に発生するものについては、刑罰から過料に移し替え、特に悪質な事例に対して刑罰を適用できるようにするのが妥当であろう[31]。

（b）過料額

　法律にもとづく過料については、上限は設定されていない。比例原則を踏まえて額が決定されればよいのであって、必ずしも低額である必要はない[32]。その額は、ダイバージョンをした事情に応じて決定されることになろう。両罰規定による法人に対する罰金についても、倫理的非難可能性の低い違法行為に対するものであれば、過料にしてもよいだろう。なお、会社法においては、前述のように100万円以下という高額過料が規定されているほか、会社設立前に当該会社名義で事業をした場合に登録免許税相当額を過料額とするという連動制が制度化されており、注目される（979条）。

---

[29]　阿部・前註（2）書461頁、宇賀・前註（1）論文58頁、碓井・前註（2）論文144頁、川出・前註（6）論文72頁、佐伯・前註（1）論文219頁参照。

[30]　宇賀・前註（1）論文54～55頁、西津・前註（3）書203頁、川出敏裕「交通事件に対する制裁のあり方について」宮澤浩一先生古稀祝賀論文集編集委員会（編）『宮澤浩一先生古稀祝賀論文集 第3巻 現代社会と刑事法』（成文堂、2000年）237頁以下・242頁参照。内閣法制局の審査は、こうした点には及んでいないということであろう。

[31]　佐伯仁志「経済犯罪に対する制裁について」法曹時報53巻11号（2001年）3083頁以下・3103～3104頁参照。

[32]　佐伯・前註（31）論文3086頁は、道路運送車両法にもとづいて400万円の過料が科された事件を紹介する。

（c）過料賦課手続の改正

　先にみたように、法律にもとづく過料の賦課は、非訟事件手続法にもとづく裁判手続による。これは、行政処分手続とされている。賦課にあたっての事前手続については合憲とされているが（最大決昭和41年12月27日民集20巻10号2279頁）、裁判結果に対する異議申立てに関しては即時抗告と特別抗告しか認められず、しかも、それは対審公開ではないことから、学説においては、憲法31条および82条との関係で問題が指摘されてきた[33]。

　不利益的な措置である以上、手続は慎重でなければならないのは当然であるが、「非訟事件」という中途半端な裁判手続によることの妥当性には、疑問が持たれる。個人・法人それぞれ一定額以上の過料賦課については、対審構造を基本とする公開法廷での裁判によるものとする一方で、それ未満については、道路交通法の放置違反金のように、条例にもとづく過料と同じく、行政手続による賦課を可能にするべきであろう。それにあたっては、法律と条例のいかんを問わず、過料という手法の特徴を十分に踏まえたうえで、統一して適用される「過料手続法」「行政強制金手続法」のような一般法を制定することが望ましい[34]。対象となる違反行為や過料額などの事情を勘案して、行政手続法の不利益処分のように手続保障の程度に差を設けることも考えられる。時効、徴収手続、争訟手続などについても、明確化するべきである。

（4）強制金の活用

　過料とともに活用が求められているのが、強制金である[35]。否定的評価が

33　市橋・前註（5）論文124頁、宇賀・前註（1）論文56〜57頁、曽和・前註（2）論文226頁、西津・前註（3）書56〜58頁参照。

34　市橋・前註（5）124頁、同・前註（6）論文244頁、宇賀・前註（1）論文58頁、佐伯・前註（1）論文230〜231頁参照。

35　たとえば、阿部・前註（2）書282頁、礒野・前註（2）論文245〜247頁、大橋・前註（2）書330〜331頁、原田尚彦『環境法〔補正版〕』（弘文堂、1994年）124頁、阿部泰隆『政策法学講座』（第一法規、2003年）158頁以下参照。1970年の建築基準法改正時には、「執行罰としての過料」の導入が検討されたが、実現はしなかった。暉峻淑子「建築基準法の改正」ジュリスト455号（1970年）59頁以下参照。

第2部 | 事業者の意思決定への法的アプローチ

一般的であるが、十分な実施実績がないため、バイアスを持たずに議論することが重要である。

あらかじめ告知された期限までに命令を履行しない場合には、一括して予告強制金額が課される。強制金の処分の際に、1回の履行期限と金額を示すだけではなく、不履行を見越して、2回目以降の履行期限と金額を示すこともできるだろう。その場合には、履行期限を1回目よりも短くするとともに金額を高額化する方法もある。

一般的な手続法整備の必要性は、強制金についても同様である。強制金を含める形で行政代執行法を改正し（したがって、法律名も改正し）、一般的手続を整備することになる。そこでは、非代替的作為義務と不作為義務のほか、代替的作為義務を含めて、行政法により課される義務の間接的強制手法という位置づけが与えられる。

(5) 課徴金

より幅広い目的から違法行為に対する予防・制裁機能を持つ非刑事的手法として、課徴金がある[36]。「私的独占の禁止及び公正取引の確保に関する法律」（独占禁止法）の課徴金は、違法カルテルによる不法収益を剥奪する機能を有していたが、2005年改正によって、それを上回る額の賦課が可能になり、制裁的機能を明確に有するようになった（7条の2、8条の3）。金融商品取引法にも、同様の課徴金が導入された（172～177条）。

それ以外にも、原因者負担的発想にもとづく課徴金は、多様な機能を持ちうる手法であり、行政法学においては、かねてより活用が提案されている。建築基準法の建ぺい率・容積率違反の建築物については、「空間の違法使用料」として、地価を踏まえた課徴金を課すことが考えられる。道路法

---

36 豊富な事例を議論するものとして、阿部・前註（2）書278～283頁、同「課徴金制度の法的設計」同『政策法学の基本指針』（弘文堂、1996年）229頁以下参照。なお、過料については、たとえば、違法収益剥奪機能を持たせることができないというわけではない。したがって、理論的には、過料と課徴金を統合的に整理することもできるように思われ、それが、将来的には、ひとつの方向性かもしれないが、ここでは、両者を一応区別し、2本立て方式で考える。この点に関するアメリカ法の状況については、佐伯・前註（31）論文参照。

の占用許可を受けない違法占用物件についても、同様の発想で対応できる。許可申請をしても許可されないような態様で違法占用をしていた場合には、「正規の占用料」を観念できないから、その数倍を賦課するのが合理的であろう。

違法な自然環境破壊についても、課徴金は有効である。たとえば、産業廃棄物不法投棄によって貴重な生態系が破壊された場合、廃棄物を適正処理しても、なお破壊は、当分の間は回復されない。「自然資源の価値低落分補塡」としての課徴金を構想できる。なお、現行法においても、自然公園法違反の自然破壊行為に対して、原状回復が著しく困難な場合に、代替措置を命ずることができると規定されているが（27条1項）、課徴金納付を代替措置のひとつに含めた制度化も考えられる。

同一違反行為に対して課徴金と罰金・過料をあわせて適用するのは、全体としてみて比例原則に適合していれば、基本的に適法である。刑罰とは趣旨、目的、手続などを異にするという理由づけ（東京高判平成5年5月21日高刑集46巻2号108頁）よりも、比例原則で説明する方が適切である[37]。なお、解釈論としてはそうであるとしても、立法政策論としては、課徴金への一元化が適切である。

課徴金の納付先については、検討を要する。国が命ずる場合は国庫の一般会計でよいとしても、法定自治体事務として自治体が実施する場合には、別の扱いが適切である。国の事務である司法手続により科される罰金とは異なっている。

課徴金に対しては、「金を払えば違法行為ができるのはおかしい。」という批判があるが、抑止効果を重視する観点からは、「金も払わずに違法行為をしているのはおかしい。」ととらえるべきである。違法行為に対しては、行政刑罰などにより別途対応すべきは当然である。

---

37 佐伯仁志「二重処罰の禁止について」松尾浩也＋芝原邦爾（編）『刑事法学の現代的状況』[内藤謙先生古稀祝賀]（有斐閣、1994年）275頁以下参照。

第2部 事業者の意思決定への法的アプローチ

8 執行法モデル

(1) 行政刑罰代替型の対応

(a) 過料への移行

行政刑罰の過重負担を解消するための制度設計としては、どのようなものが考えられるだろうか。おそらく、実務的にも社会的にも、現状に対してそれほどの問題意識が持たれているわけではないために現実的な話にはならないのであるが、行政刑罰の過剰的規定状況がその積極的・消極的濫用の危険性を惹起させ憲法的にも問題であり何らかの対応が必要という前提に立ったうえで、まず、行政刑罰代替型の対応について検討してみよう。

過料と行政刑罰の関係では、「どのような違反行為に行政刑罰を限定するか」を考える必要がある。手続的義務違反は、原則として、行政刑罰の対象外と整理できよう。それでは、実体的義務違反はどうだろうか。倫理的非難に値する違反なのであるが、これでは、抽象的にすぎる。刑法犯類似の違反や人の生命・身体・健康・財産への具体的影響を発生させる違反は対象にできるとして、そのほかは、「重大な公益侵害を生じさせる場合」となるだろうが、判断が難しい。

新規立法の場合には、少なくとも内閣内部で拘束力を有するような一般的で明確な基準を提示する必要がある。それを踏まえて、法務省刑事局なり国会が、行政刑罰相当の違反行為を「厳選」すべく審査をすることになる。

現行法の場合は、どうだろうか。行政刑罰による対応が適切である違法行為が何かを法律ごとに検討すべきなのかもしれないが、かなりの時間を要しよう。そこで、いささか荒療治であるが、都市計画の手法である「ダウンゾーニング」の発想にならって、一定部分をすべて行政刑罰代替型とすることが考えられる。現行法の罰金額に必ずしも合理性はないが[38]、たとえば、（あくまで数字は仮のものであるが、）「100万円以下の罰金」はすべて「100万円以下の過料」とし、「2年以下の懲役」はすべて「200万円以下の罰金」とし、

---

[38] 青木正良「罰金額の変遷」立教法学49号（1998年）149頁以下参照。

108

第6章 行政罰・強制金

自由刑と財産刑の両者が規定されている場合には高額の方になるような関係法律の改正を一括法形式で実施するのはどうだろうか。それ以上に厳格な行政刑罰は、とりあえずは現状のまま存置する。実定法を踏まえて「変換相場」についての「換算表」をつくり、機械的に対応すればよい。そのうえで、「本当に必要な場合」については、再度、個別に法律改正をして、行政刑罰を規定するのである。カテゴリーとして行政刑罰相当のものもあれば、一般には過料相当であるとしても違反者の態様によっては悪質性が高く行政刑罰による対応が適切なものもあろう。この作業を通じて、「行政刑罰に相応しい違法行為」の基準が形成されるだろう。

（b）賦課方式

行政刑罰を過料に代替するとすれば、違反行為に対して、規定額の範囲内で科される。これに対して、日数加算制とすれば、「違反1日あたり」として、違反が継続されるかぎり雪だるま式に増えることになる。軽微な義務違反に対して結果的に多額の過料が科せられる点で比例原則の観点から問題があり、また、実務的にも手続が煩瑣になるとして、強制金を一括して課す方式も提案されている[39]。

期限を明示した場合には、期限内に履行すれば強制金は課されないが、そのことが、最初から履行している人との関係で不平等にならないかが問題となる。この点への対応としては、課徴金の併用が考えられよう。なお、強制金の額は、義務履行確保のための「必要かつ十分」なものであればよく、低額である必要は必ずしもない[40]。

（2）行政刑罰存置型の対応

（a）通告処分制度・反則金制度の活用

行政刑罰存置の場合には、すぐに刑事手続に移行するのではなく、通告処

---

39 西津・前註（3）書181～182頁参照。
40 行政執行法時代の強制金額は罰金と比較しても低額ではなかったことについて、西津・前註（3）書34頁参照。

109

第2部 事業者の意思決定への法的アプローチ

分制度や反則金制度を導入するという方法がある。現在は、国税や警察のように、違反処理の専門的な能力が高い組織が所掌する法律について規定されているが、それに限定される必然性はない。こうした制度を一般化するためには、共通事項を規定する一般法の制定が必要になろう。

なお、前述のように、行政刑罰対象となる違反を絞る必要がある。たとえば、現在の道路交通法のように、そもそも過料化すべき違反行為をも反則金制度の対象とするのは、広範にすぎる。

(b) 初犯と再犯以降の区別

初犯は過料にして再犯以降に行政刑罰で対応するという制度設計も可能である。過料は行政手続で科されるから、違反者が再犯であるかの情報は、現実には、行政にある。したがって、再犯者に行政刑罰を科す場合は、実際には、行政からの告発によることになろう。

一般に、警察は、行政が「気軽に」告発することに対して否定的な受け止め方をする。やるべきことをやってなお、問題が解決しない場合にかぎって、告発すべきという発想があるのである。この点で、過料と刑罰の組合せは、適切であるように思われる。

以上のほか、行政刑罰単独型がある。これらのどれかが絶対的に優れているというわけではない。義務の内容、違反の特徴や社会的影響、想定される違反者の態様などを総合考慮して選択される。なお、課徴金は、これらとは別に賦課することが可能である。

9 実施戦略

(1) 警察・検察組織

行政刑罰の捜査を担当するのは、通常、警察である。しかし、一般に、個別法律に対する専門性の程度は低い。警察本部の行政法犯担当が対象とする法律・条例の数は、800 ～ 900 くらいであろう。検挙実績のあるものとなると、50くらいではないだろうか。それ以外は、問題が発生してから勉強す

第6章　行政罰・強制金

るというのが実態である。組織体制を強化するのは、現実には、困難である。検察も同様であり、警察に比べると人員がより少ないため、対応能力の限界は、深刻な問題である。したがって、行政法犯を「厳選」して、真に刑罰に値するもののみに的確な刑事的対応ができるようにすることは、組織的にみても必要なのである。

　「組織としての警察」ではなく「機能としての警察」という観点からは、行政組織に「特別司法警察職員」を設けるという対応もありうる（刑事訴訟法190条）。たしかに、漁業調整規則の執行にあたる漁業法のもとでの特別司法警察員は、それなりの活動実績を持っている。ただ、これは特殊であり、個別法による設置事例を増やしたとしても、一般には、専門性を発揮した捜査活動は期待できないように思われる[41]。

(2) 行政組織

　実効性確保手法も、的確な適用を欠くとなれば、その「存在」自体が認識されず、抑止効果は著しく減殺される。行政刑罰の過重負担を軽減して行政的対応のメニューを拡大しても、問題状況は変わらない。道路交通法の反則金の場合は、現場告知可能な軽微な違反行為に対して、直接刑事責任を追及するのか非刑事的に処理するのかを、同じ警察が選択することができた。しかも、執行にあたる交通警察組織は、交通法規を専門としており、良くも悪くも「件数主義」が指摘されている。どちらに転んでも違反処理はできたのである。その反則金でさえも的確な実施が困難であることから、2004年の改正によって、放置違反金制度（51条の4）と標章取付事務委託制度（51条の8）が導入されている。

　公正取引委員会、金融庁、証券取引委員会のように、行政機関でありながら、違反執行に対する強いミッションを持ち専属の職員を擁するという恵ま

---

[41]　北村喜宣「司法警察員と漁業秩序の維持：漁業調整規則の執行における行政・警察・海上保安庁」北村・前註（20）書245頁以下参照。一方、実績に乏しい例として、同「環境法執行における行政警察権と司法警察権の競合と協働：鳥獣保護狩猟法の特別司法警察員」同前225頁以下参照。

111

第2部 事業者の意思決定への法的アプローチ

れた状況にあるのは、国の一部の機関にすぎない。分権改革によって、「自らの事務」として法定事務を処理する自治体においては、一般に、個別法を所管する行政部署が違反対応もする併任的状況にあるため、積極的な執行は困難である。

違反に対して刑事的対応と非刑事的対応を適切に組み合わせる制度が実現されたとしても、行政組織の体制を現状のままとしては、大した効果は期待できないだろう。ある法律の担当にその法律の執行も担当させるという伝統的発想の転換が必要である。

自治体においては、行政訴訟が提起された場合には、処分担当課と訟務担当課が共同して訴訟対応をすることがある[42]。これにならって、違反処理担当課を設置し、法令担当課と共同して執行にあたる仕組みや発動基準などを整備するのが適切である。粗暴な違反者も想定されるので、必要に応じて警察本部から派遣・出向を求めたり、警察官OBを嘱託として雇用したりすることも考えられる。過料の強制徴収となれば、租税債権の強制徴収部門を増強してこの任務を与える運用もありえよう[43]。行政刑罰単独型にしても行政刑罰存置型にしても、行政が積極的に動かなければ警察も動かない。

執行過程研究で指摘されているような問題点をいかに克服するかは、工夫のしどころである。将来的には、法律の専門的知識を要する職員を配置するほか、期限付きでの専門職員任用も考えればよい。もっとも、こうした組織を設けたとしても、それが的確に活動する保障はない。一般的な仕組みとしては、行政手続法2014年改正によって規定された「処分等の求め」（36条の3）があるが、市民・事業者に対して、不利益処分（停止命令や過料賦課など）についての措置請求権を与えるように行政手続を独自に整備することが必要で

---

42 自治体の訴訟対応の実情については、日本都市センター（編）『自治体訴訟法務の現状と課題』（日本都市センター、2007年）、同（編）『分権型社会における自治体法務』（日本都市センター、2001年）参照。具体例として、金井利之＋鈴木潔＋原清「大阪市における法務管理（上）（下）」自治研究83巻6号38頁以下、同7号47頁以下（2007年）参照。

43 西津・前註（3）書190～192頁、および、租税行政について議論する山下稔「地方公共団体における納税義務の履行確保」法政研究［九州大学］65巻1号（1998年）149頁以下参照。

ある。第1次分権改革前は、違反対応事務も機関委任事務であったが、現在では、法定自治体事務となっている。独自政策条例にもとづく法定外自治体事務とあわせて、違反への対応のあり方も、自治体が自主的・自立的に検討すべき時代である。

(3) 他制度とのリンケージ

抑止効果と制裁効果は、履行確保手法とほかの手法とのリンケージによって、さらなる強化が可能になる。許可を得て活動をしている者が規制基準に違反すれば、それを理由に行政刑罰を科されることに加えて、欠格要件に該当するために、許可を取り消す対応が考えられる。違反者に対して、「金銭的コスト」よりも「時間的コスト」を意識させる方が、抑止効果も制裁効果も高まるだろう。たとえば、廃棄物処理法は、有罪判決を受けた産業廃棄物処理業者の業許可を義務的取消しとしているが（14条の3の2、14条5項2号イ、7条5項4号ロ・ハ）、取消後5年間は、許可申請はできない。建設業法にも、同様の仕組みがある（29条1項2号、8条2号・7号）。このように、許可の再申請のために取消後一定期間の経過を求めれば、その効果は、一層高まる。

異なった（しかし、関係する）法制度同士のリンケージもありうる。たとえば、道路交通法のもとでの放置違反金未払者に対しては、道路運送車両法の車検を拒否する仕組みになっている（道路交通法51条の7）。未成年者飲酒禁止法違反で罰金刑に処された者は、酒税法のもとでの酒類販売業免許を取り消される（酒税法14条2号、10条7号・7号の2・8号）[44]。過料を一般化するとした場合、確実な徴収のためには、リンケージが有効であろう。道路交通法の反則金制度を過料化した場合には、不払いを運転免許の取消し・停止処分と連動させることが考えられる[45]。実際のリンケージは、同一の省庁の所管法律同士でされている場合が多いように思われる。中央省庁間においては、それはひとつの整理ではあろうが、違法行為の抑止と制裁という観点からは、

---

44 リンケージについては、阿部・前註（2）書112〜114頁、宇賀・前註（2）論文63〜64頁、川出・前註（33）論文262〜263頁も参照。

45 川出＋宇賀・前註（11）対談101頁参照。

第2部｜事業者の意思決定への法的アプローチ

分担管理原則に拘泥することなく、「違反者の身になって」、総合的観点から制度設計をすることが重要である。

10 地方分権時代の間接強制法制

　第1次分権改革により機関委任事務が廃止された結果、自治体の条例制定権の事項的対象が拡大された。法定自治体事務に関して、地域特性を反映させた運用をすべく、法律実施条例を制定する自治体が増えるであろうし、法定外自治体事務に関しても、権利の制約や義務の賦課を伴う規制をする独自政策条例が増えるであろう。自己決定が重視されるこの時代においては、法定にせよ法定外にせよ、行政刑罰や強制金といった間接強制手法の実効性に対する関心は、これまでにも増して高まるものと思われる。

　そこで、地方分権時代の自治体事務の実施に関して、いくつかの指摘をしておきたい。第1に、自治体が法定外事務に関して独自政策条例を制定する場合、義務履行確保手法として過料が選択される傾向もあるが、行政刑罰は、なお重要な手法である。条例案作成過程においては、地方検察庁との協議が事実上されているが、今後は、捜査の第一線を担う警察との協議も必要になるだろう。その際、行政法犯について過重負担となっている警察からは、行政刑罰に対して消極的な意見が出されるかもしれない。その是非はともかく、押し切った形で刑罰を規定しても、実際の捜査はされない可能性が高い。「行政の尻ぬぐいをする気はない。」と考える警察を説得するには、行政としても、行政内部の実施体制を整備するとか、先にみたように、初犯は過料で対応して、再犯以降の常習者には過料額を増額したり行政刑罰で対応したりするなどの工夫が求められよう[46]。その場合、過料賦課に必要な証拠が、警察の強制捜査でなく行政調査によっても十分に得られることが前提になる。なお、宝塚市パチンコ店規制条例事件最高裁判決（最3小判平成14年7月9日民集56巻6号1134頁）を踏まえれば、不作為義務の履行確保のためには、何ら

46　阿部泰隆『やわらか頭の法戦略：続・政策法学講座』（第一法規、2006年）92頁参照。

かの行政罰を規定する必要がある。

第2に、地方自治法14条3項および15条2項が規定する刑罰と過料の上限についてである。歴史的経緯のある措置ではあるが、少なくとも現在では、地方自治法が制約を設ける意義は乏しい。罪刑均衡あるいは比例原則に照らして、自治体が判断すればよいことがらである。とりわけ、過料については、ダイバージョン対応の障がいになる。5万円以下という明文上限は、解釈論としては、標準的なものとみればよい。法律にもとづくものとは異なり、条例にもとづく過料は、行政処分で科せるがゆえに上限値が設定されているという整理もあろうが、裁判手続による罰金についても上限値がある。分権改革の流れのなかで、今後、より多くの事務を自治体が条例にもとづいて処理することを考えれば、この点についての対応をしなかったのは、「未完の法律改革」の一例といえよう。

第3に、非刑事的な実効性確保手法を実現化するための法律整備についてである。たとえば、課徴金を自治体が独自に導入をする場合に問題となるのが、強制徴収である。地方自治法は、強制徴収が可能な歳入としてこうした収入を予定していないため（231条の3）、条例にもとづき納付命令を通じて適法に賦課したとしても、徴収は、民事訴訟によるしかない。これも、第1次分権改革では、手が回らなかった「未完の法律改革」の一例であり、立法的対応が求められる[47]。強制金についても、行政代執行法の解釈により条例では課すことができないとされるが、分権改革後になお妥当する解釈かどうかは疑問である。より明確には、これを可能とする改正が求められる[48]。

11 前提となる義務の合理性評価の視点

行政法学における義務履行確保手法論の前提には、法的義務は合理的とい

---

47 『報告書』前註（2）44〜45頁、中原茂樹「条例・規則の実効の確保」小早川光郎（編著）『地方分権と自治体法務：その知恵と力』（ぎょうせい、2000年）123頁以下・137頁も参照。

48 礒野・前註（2）論文232頁、宇賀・前註（2）論文68頁、関根・前註（4）論文71頁参照。

う暗黙の了解がある。しかし、それが果たして真実かどうかは、個別に検証する必要がある。法律制定当時はそうであったとしても、社会状況の変化に法律が対応していない場合もあるだろう。制定当時から、問題を抱えた法律があるかもしれない。

そのような場合、不合理な規制と行政が認識していれば、執行をしないことによって、結果として、現場において合理的状態が実現されているという状況も考えられる。「悪法も法」というなら別であるが、いわゆる実効性確保の議論をする際には、より広い視点を持つ必要がある。本章の議論は、この点の考察を欠いており、技術的に過ぎている面がある。それを可能にするためにも、行政法の執行過程を対象とした良質の法社会学的実証研究が求められる。

Part 2

第7章

行政の実効性確保制度

〔要旨〕
　法律の目的を実現するための手法には、直接的なものと間接的なものがある。行政が直接に対応するものとして行政代執行や即時執行などがあり、間接的に対応するものとして行政罰や制裁的公表などがある。いずれの場合も、伝統的には、行政が独占的に対応していた。今後は、法執行過程への私人の参画を制度化したり、法律だけではなくそれにリンクする条例を制定したりして、より広いネットワークのもとで法執行を考えるべきである。行政法学の観点から、法執行戦略を検討することも重要である。

第2部　事業者の意思決定への法的アプローチ

1 「実効性」という言葉

（1）実定法規定の３つの次元

　いつの頃からか行政法学において意識されはじめた「実効性」という言葉は、最近では、テキストにもすっかり定着してきている。もっとも、この言葉について、共通の合意があるわけではない。最初に、用語の整理をしておこう。

　現在、「実効性」は、6つの法律のなかで用いられている法令用語でもある。制定順に並べると、中央省庁等改革基本法（1998年制定）、「法科大学院への裁判官及び検察官その他の一般職の国家公務員の派遣に関する法律」（法科大学院派遣法）（2003年制定）、郵政民営化法（2005年制定）、「国際連合安全保障理事会決議第千八百七十四号を踏まえ我が国が実施する貨物検査等に関する特別措置法」（貨物検査特措法）（2010年制定）、「社会保障の安定財源の確保等を図る税制の抜本的な改革を行うための消費税法の一部を改正する等の法律」（消費税法一部改正法）（2012年制定）、「再生医療を国民が迅速かつ安全に受けられるようにするための施策の総合的な推進に関する法律」（再生医療推進法）（2013年制定）である。最初は中央省庁等改革法であるから、行政法学における使用の方が早かった。

　具体的条文のなかでは、「実効性」は、3つの次元で用いられている。第1は、一般的な効果を意味する用語法である。たとえば、法科大学院派遣法は、「法科大学院における法曹としての実務に関する教育の実効性の確保を図り」（1条）と規定する。これは、限定した対象に対して実施された具体的な措置についての効果を念頭に置いたものではない。「法科大学院の教育と司法試験等との連携等に関する法律」（法科大学院連携法）の成果を抽象的に意味するにとどまる。中央省庁等改革基本法は、法務省の編成方針に関して、「公安調査庁について、……破壊活動防止法……に基づく破壊的団体の規制の実効性を確保するなど、同庁の機能を見直す」（18条4号）こととするが、これも、全体的・一般的な認識である。再生医療推進法2条2項も、そうした使用例である。

118

第2は、個別的な効果を意味する用語法である。たとえば、貨物検査特措法は、一定物質の北朝鮮への輸出入を禁止する国連安全保障理事会の具体的決議に関して、「同理事会決議による当該禁止の措置の実効性を確保する」（1条）ことを目的としている。消費税法一部改正法7条6号は、番号制度との関係で、「本人確認の実効性」と規定する。これらにおいては、実効性確保の対象となる行為は、ある程度は特定されている。

第3は、これらの中間的な用語法である。たとえば、郵政民営化法は、郵便貯金銀行を当事者とする合併を内閣総理大臣および総務大臣の認可制としているが、その基準のひとつとして「〔移行期間中の銀行法等の特例等に関する〕規制の実効性を阻害するおそれがないと認めるときは、当該認可をしなければならない。」（113条7項）と規定する（そのほか、141条9項も参照）。具体的申請との関係で、規制の効果が把握される。

このように、実定法における用語法は様々であり、「実効性」に対して、確定した定義が与えられているわけでもない。文言の内容が明らかになっていなければならないのは、「実効性不阻害」が認可要件となっている郵政民営化法であるが、審査基準は策定されていないようである。いずれにせよ、実定法においては、法的義務づけは前提とはされてはおらず、「政策の効果」という程度の認識である。きわめて曖昧な意味での捉え方になっている。

(2) 行政法学における整理

実定法の規定を踏まえると、「実効性」は、理論的には、3つの観点から整理できる。

第1は、最も広義に把握する立場である。たとえば、ある政策分野において、社会が妥当と考えるような状態が実現できているかどうかを評価する枠組みである。実現のための手段としては、個別法のほかに、コミュニティ活動や行政指導など雑多なものが含まれる。マクロの視点からの把握である。「政策の実効性」といえよう。

第2は、それよりは少し狭く、個別法を念頭に置きつつ、それが対応しようとする現象に対して同法の実施によりいかなる効果が得られたかを評価

し、それが不十分ならばどのような法政策が妥当かを検討する枠組みである。この場合には、個別法が規定する仕組みが一応は前提とされるが、典型的には行政指導のように、そこに規定されない手法も関心の射程に含まれる。義務を前提としないかぎりで、即時執行も含まれてくる。「法律の実効性」といえよう。先にみた実定法における「実効性」の用語法は、このレベルのものが多い。この次元の理解においては、当該法律が規定する仕組みだけでは目的実現にとって不十分な場合があるという認識のもとに、それを補完する仕組みが論じられる場合もある。

第3は、最も狭義に把握する立場である。個別法において行為の義務づけがされていることを前提に、それが個別的場合において遵守されているか、逸脱が発生している場合に行政がどのように対応しどのような成果が得られているかという枠組みで議論する。ミクロの視点からの把握である。「個別行政対応の実効性」といえよう。この立場によれば、規範逸脱の結果が是正されている、予定される制裁が確実に課(科)されている、というように、実効性の内容を個別事例において評価することが可能になる。「実効性確保」に比べてより狭義の概念となる「義務履行確保」とほぼ同義となる[1]。

これらの諸局面を認識しつつ、本章では、さしあたり「実効性」を、「授権された権限を行政が行使して、立法者が期待した個別法の制度趣旨を実現するその程度」と定義しておく。法治主義および民主主義を基調とする理解である。第2および第3の立場を踏まえたものである。

2 行政法学と実効性確保論

以上は概念の整理であるが、研究の視点という観点から考えてみよう。筆者のみるところ、実効性確保論は、①手法論、②組織論、③法制度設計論、④実態論、⑤救済論に分けて整理できる。もとよりこれらは、相互排他的ではない。このような視点の違いを認識しておくことには、それなりの意義が

---

1 高木光「法執行システム論と行政法の理論体系」民商法雑誌143巻2号(2010年)143頁以下・154頁参照。

あるように思われる。このうち、⑤救済論は、的確な権限行使の実現という観点からは、長い研究の歴史がある。違反に対する行政対応に関しては、2004年の行政事件訴訟法改正により明定された非申請型義務付け訴訟が注目され、わずかながらも認容事例があるが[2]、本章では取り扱わない。

それ以外のなかで、①手法論は、行政法学においては最も研究の蓄積がされている領域である[3]。行政法テキストのなかには「実効性確保」というまとめ方をしているものがあるが、そこで説明されているのは、種々の行政手法（刑罰を含む。）である[4]。義務履行確保以外に、法目的の実現の観点からの手法も含まれる。さらに、義務履行状況の把握をするための行政調査の手法も、ここに含めて考えられる。

手法を動かすのは、中央および地方レベルにおける個々の職員である。それが属する行政組織のあり方をどう考えるかは、行政法学的にも重要な視点である。しかし、実効性確保という観点からの②行政組織論の研究は、まだ十分にはされていない。③法制度設計論は、個別事案における対応ではなく、義務が規定

---

2 たとえば、東京地判平成19年5月31日判時1981号9頁（住民票作成の義務づけ）、福岡高判平成23年2月7日判時2122号45頁（措置命令発出の義務づけ）、福島地判平成24年4月24日判時2148号45頁（許可取消しの義務づけ）。全体的状況については、高橋滋（編）『改正行訴法の施行状況の検証』（商事法務、2013年）364頁以下参照。

3 代表的なものとして、阿部泰隆『行政法解釈学Ⅰ』（有斐閣、2008年）551頁以下、碓井光明「行政上の義務履行確保」公法研究58号（1996年）137頁以下、曽和俊文『行政法執行システムの法理論』（有斐閣、2011年）、高木光「実効性確保」公法研究49号（1987年）186頁以下、畠山武道「サンクションの現代的形態」『岩波基本法学8』（岩波書店、1983年）365頁以下参照。なお、阿部泰隆『行政の法システム（上）（下）〔新版〕』（有斐閣、1997年）（以下、「法システム」として引用。）では、全編にわたって「実効性」を基底とした議論がされている。このテーマについては、最近、実務家の関心も高まってきている。小川康則「地方公共団体における行政上の義務履行確保について」地方自治771号（2012年）2頁以下、濱西孝男「『行政上の義務履行確保』私論（上）（下）」自治研究85巻10号86頁以下・同11号81頁以下（2009年）参照。

4 宇賀克也『行政法概説Ⅰ〔第6版〕行政法総論』（有斐閣、2017年）は、「第4部 行政上の義務の実効性確保」のもとに「第15章 行政上の義務履行強制」「第16章 行政上の義務違反に対する制裁」を置く。小早川光郎『行政法 上』（弘文堂、1999年）は、「第2章 義務の実行確保の仕組み」のもとに「第1節 義務履行強制」「第2節 義務違反の制裁」を置く。なお、阿部・前註(3)法システムは、それぞれの手法をより独立させて論じている。参考文献を含め、小林奉文「行政の実効性確保に関する諸課題」レファレンス649号（2005年）7頁以下参照。

121

第2部　事業者の意思決定への法的アプローチ

される法律あるいは関係する法律のなかで実効性確保をとらえ、よりマクロ的視点から考えるアプローチである。実定法においてはいくつかの規定例があるが、行政法学的にはあまり注目されていない。法定自治体事務については、法律実施条例の制定がありうるが、それも法制度設計論に含めることができる。これに対して、④実態論については、法社会学的視点からの研究が、少しずつではあるが蓄積されている[5]。①手法論、②組織論、③法制度設計論への反映はまだ十分ではないが、実態研究の成果を踏まえた展開が期待されるところである。以下では、①〜③について考える。その際には、分権改革によって、法律にもとづき自治体が担当する事務は当該自治体の事務となっている点に留意したい[6]。

3　前提としての法的義務づけと実現のための仕組み

　行政の実効性確保が論じられる前提には、原則として法律または条例により、私人に対して一定の行為の法的義務づけがされていることがあった。その違反に対して、それを是正したりサンクションを加えたりする仕組みが規定されていることも、その前提にある[7]。

　たとえば、個別法において、「……しなければならない。」「……してはならない。」というような規定ぶりになっていたとしても、その違反に対して特段

5　北村喜宣『行政執行過程と自治体』（日本評論社、1997年）、平田彩子『行政法の実施過程：環境規制の動態と理論』（木鐸社、2009年）、同『自治体現場の法適用：あいまいな法はいかに実施されるか』（東京大学出版会、2017年）、六本佳平「規制過程と法文化：排水規制に関する日英の実態研究を手掛かりに」内藤謙＋松尾浩也＋田宮裕＋芝原邦爾（編）『平野龍一先生古稀祝賀論文集 下巻』（有斐閣、1991年）25頁以下。

6　そのような観点からの分析・整理として、地方分権の進展に対応した行政の実効性確保のあり方に関する検討会『地方分権の進展に対応した行政の実効性確保のあり方に関する検討会報告書』（2013年）参照。解説として、小川康則「地方分権の進展に対応した行政の実効性確保のあり方に関する検討会報告書について」地方自治788号(2013年)17頁以下参照。

7　条例の制定によって宣伝効果を期待するというような場合においては、たとえば、「ポイ捨てはいけない」ことの認識がされれば実効性はあったと評価できるかもしれない。法社会学的観点からは、こうした状態も実効性の重要な局面であるが、本章においては、もっぱら実用法学的関心から、「義務づけ→義務履行確保」がセットになった法システムを念頭に置いている。

122

の措置が講じられるようにはなっていない場合、あるいは、行政の措置が助言・指導のような行政指導だけであるような場合には、少なくとも行政実務においては、法的義務づけがされているとは評価できず、いわゆる訓示規定にとどまるとされてきた[8]。このような場合、立法者は、そもそも求める行為の実現をそれほど真剣には期待していないと考えているとすれば、実効性を論ずる前提に欠ける。そうした仕組みの法制度のもとで義務不存在確認訴訟が提起されても、確認の利益がないとして訴えは却下される[9]。

　実効性が議論されるのは、法目的の実現の観点から課される法的義務づけに加えて、それを実現するための手法が規定されている場合である。それらの手法、それを動員する仕組み、さらには、補完的制度の「斬れ味」が、議論の中心となる。

　もっとも、すべての場合に、法的義務づけが先行するわけではない。義務づけが規定されていなくても、法律や条例のなかでその目的実現の観点から一定の私人の行為がカテゴリカルに把握され、たとえば、啓発を通じて、それに起因する問題の発生をコントロールするような仕組みが規定されている場合についても、実効性確保を論ずることは可能である。

4 実効性確保の手法論

(1) 2つのアプローチ

　立法者が期待した成果を実現するための手法は、間接的アプローチおよび直接的アプローチに分類できる。直接的アプローチとは、行政が義務者に対

8　北村喜宣『環境法〔第4版〕』（弘文堂、2017年）148頁、川﨑政司『法律学の基礎技法〔第2版〕』（法学書院、2013年）64頁参照。例として、医師法19条をあげておこう。正当事由なく診察治療の求めに応じなくても罰則はないし、医師免許の取消事由にもなっていない。

9　「滋賀県琵琶湖レジャー利用の適正化に関する条例」18条が規定する外来魚再放流の禁止（違反に対する刑罰は規定されていない）に関して、大阪高判平成17年11月24日判自279号74頁参照。一方、熊本市の「江津湖地域における特定外来生物等による生態系等に係る被害の防止に関する条例」12条は、禁止されている指定外来魚の放流や再放流をした者に対して、助言・指導を経た勧告に従わない場合に制裁的公表をすると規定する。この場合には、勧告に従うことが義務づけられているといえる。

123

第2部 事業者の意思決定への法的アプローチ

して直接に有形力を行使して働きかけ、期待する結果を自ら実現しようとするものである。これに対し、間接的アプローチとは、義務者に対して直接に有形力を行使して働きかけるのではなく、手法の持つ威嚇や誘導といった効果を通じて、期待する方向へと私人の行動を向かわせようとするものである。

　直接的アプローチにもとづくものとして整理できる実効性確保手法には、行政代執行、直接強制、即時執行、強制徴収などがある。間接的アプローチにもとづくものとして整理できる実効性確保手法には、行政罰、強制金、課徴金、制裁的公表などがある。以下では、そのいくつかを検討する。

(2) 直接的アプローチにもとづく手法

(a) 行政代執行

(ア) 公益要件の問題点

　現行法のもとで行政強制に関する一般法となっているのは、行政代執行法である。同法をめぐっては、最近、様々な法政策提案がされている[10]。論点のいくつかを検討しよう。

　行政代執行法2条が規定する「不履行を放置することが著しく公益に反する」場合にかぎって代執行を可能とするいわゆる公益要件は、代執行権限の濫用を防ぐ観点から規定されたものである[11]。どの程度の代執行権限の行使が適切なのかを判定することは困難であるが、現実には、この要件が存在しているがゆえに、立法者が期待した「積極的濫用の抑止」ではなく、その逆の「消極的濫用の拡大」が常態になっているという事実は、多くの実証研究によって確認されている[12]。これほどまでに要件を絞る合理性は、少なくとも現在ではない。「義務の不履行によって重大な損害が生じると認められる

10　西津政信『行政規制執行改革論』（信山社出版、2012年）、および、そこで参照されている諸文献を参照。

11　第2回国会衆議院司法委員会議録10号（1948年4月6日）3頁〔佐藤達夫・法制長官答弁〕参照。

12　たとえば、福井秀夫「行政代執行制度の課題」公法研究58号（1996年）200頁以下、宮崎良夫「行政法の実効性確保」成田頼明ほか（編）『行政法の諸問題 上』〔雄川一郎先生献呈論集〕（有斐閣、1990年）203頁以下参照。ところが、2015年5月に全面施

とき」というように緩和すべきという提案もされている[13]。方向としては賛成である。

　ただ、「重大な損害」という表現にすると、たとえば、生命健康に影響を及ぼさないなら要件を充たさないとか、財産的損害は事後的に補填可能であるから要件を充たさないというような民事法的発想にもとづく議論を招くおそれがある[14]。行政代執行法は、価値中立的な法律である。代執行の要否は、あくまで代替的作為義務を規定する根拠法の制度趣旨に即して判断されるべきである[15]。たとえば、景観保全を保護法益として重要視する法律・条例のもとでの命令であれば、第三者の人格権侵害のおそれなどは関係なく、違反物件がいかに根拠法の目的実現を阻害しているかという観点から判断をすれば足りるのである。空き地の雑草繁茂による生活環境への支障を除去することを目的とする条例のもとで、行政代執行がされた事例がある[16]。行政法は公共政策法であって、何を保護法益とするかは絶対的な基準で決まっているわけではない。価値相対主義なのである。したがって、行政代執行法を改正するとすれば、ミスリーディングな「公益」という文言を用いず、「不履行を放置することが当該法律の目的に反する」というように明確に規定すべき

行された「空家等対策の推進に関する特別措置法」（空家法）のもとでは、行政代執行の実施に関するこれまでの認識を大きく覆す運用がみられる。2017年10月1日現在、約60件もの行政代執行および略式代執行がなされているのである。空家法のもとでなぜこうした状況になっているのかは、法社会学的にもきわめて興味深い。「学界の常識は現場の非常識？：空家法のもとで活用される代執行」同『自治力の挑戦』（公職研、2018年）52頁以下参照。

13　三好規正「地方公共団体における法執行の実効性確保についての考察」法学論集［山梨学院大学］61号（2008年）205頁以下・213頁参照。

14　そのような整理にもとづいて直接型義務付け請求を却下した裁判例として、さいたま地判平成23年1月26日判自354号84頁がある。

15　大阪地判昭和56年4月24日判タ459号112頁は、都市公園法にもとづく命令の行政代執行における公益要件の認定に関して、「行政庁の右裁量権は無制約なものではなく、代執行に係る義務を課する法令又はその義務を課する行政処分の根拠となる法令の趣旨、目的をはなれた恣意的見地から当該行政代執行の実施を決定〔すべきではない〕」とする。適切な認識である。

16　北村喜宣「草刈り条例代執行：名張市雑草除去条例の運用」同『自治力の躍動：自治体政策法務が拓く自治・分権』（公職研、2015年）60頁以下参照。

第2部│事業者の意思決定への法的アプローチ

であろう[17]。なお、個別法においては、建築基準法9条12項や「廃棄物の処理及び清掃に関する法律」（廃棄物処理法）19条の5のように、公益要件を不要とする緩和代執行が規定されることがある。

（イ）条例にもとづく命令の代執行

憲法94条にもとづいて制定される独立条例のなかで、撤去命令のような代替的作為義務が規定される場合に行政代執行法が適用できることに関しては、最高裁判所の判例はないものの、学説・実務においては、当然視されているといってよい。ただ、周知の通り、行政代執行法2条の規定ぶりが、のどに刺さった小骨のようになっている。

すなわち、「法律の委任に基く……条例」という文言に関して、「法律の委任に基く」は「条例」にかからないと解したり、地方自治法14条1項の委任にもとづく条例と読むと解したりしているのが実情である[18]。前者の解釈は文理に反するし、後者の解釈は憲法94条に照らして適切ではない。思考枠組みを変えるべきである。

1948年の行政代執行法制定時においては、条例が独立して規律できる事項に対する国会の認識は、きわめて狭かった。分権改革を経た現在の法環境に鑑みれば、憲法94条が条例にもとづく義務の強制執行に関しては行政代執行法の準用を当然に予定していると解して、上記のような無理のある解釈をせずとも行政代執行は可能であると考えるべきであろう[19]。このように整

---

17 小川・前註（3）論文18頁は、「特に「著しく公益に反する」という文言は、現場においては禁止的に厳格な要件と受け止められ、萎縮効果を生じ〔ている〕」とする。津田和之「行政代執行手続をめぐる法律問題（一）」自治研究87巻9号（2011年）85頁以下・92頁も参照。

18 雄川一郎＋金子宏＋塩野宏＋新堂幸司＋園部逸夫＋広岡隆『行政強制：行政権の実力行使の法理と実態』〔ジュリスト増刊〕（1977年）17頁［塩野宏発言］参照。宇賀・前註（4）書227頁は、これが「一般的解釈」であるという。原田尚彦『行政法要論〔全訂第7版補訂2版〕』（学陽書房、2012年）230頁は、こうした解釈に疑問を呈する。地方自治法14条1項（および旧2項）を根拠とする考え方は、行政実例（自治庁行政課長回答・昭和26年10月23日地自行発337号）に端を発するようである。

19 磯部力『行政法』（放送大学教育振興会、2012年）103頁、広岡隆『行政代執行法〔新版〕』（有斐閣、1981年）53頁参照。

理すれば、一般には行政代執行要件を条例で緩和することはできないと解されているけれども[20]、義務を命ずべき相手方を過失なく確知できない場合になしうる略式代執行についても、条例で規定できると解されうるだろう[21]。

（ウ）行政強制と自治体

行政代執行法1条の「行政上の義務の履行確保に関しては、別に法律で定めるものを除いては、この法律の定めるところによる」という規定からは、行政上の義務履行確保について同法が専占しているという解釈論につながる[22]。その結果、条例で直接強制や強制金などを定められないという結論になる。一方、義務の賦課を前提としない即時強制は「行政上の義務の履行確保」に含まれないために1条の射程外となり、それゆえに条例を直接の根拠として規定できるという結論にもなる[23]。

こうした整理に対しては、直接実力行使をする即時執行すら条例を根拠に規定できるのに、個別に義務を課して自発的履行機会を与える直接強制や強制金が条例を根拠に規定できないのは均衡を欠くという批判がある[24]。もっとも

---

20 黒川哲志「行政強制・実力行使」磯部力＋芝池義一＋小早川光郎（編）『行政法の新構想Ⅱ行政作用・行政手続・行政情報法』（有斐閣、2008年）113頁以下・115頁、山谷成夫＋鈴木潔「行政上の義務履行確保（上）：法制度改革のデザイン」自治研究82巻6号（2007年）57頁以下・66頁参照。

21 阿部・前註（3）（下）書439頁参照。実例として、「広島県プレジャーボートの係留保管の適正化に関する条例」14条、「山陽小野田市空き家等の適正管理に関する条例」12条、「豊田市不良な生活環境を解消するための条例」14条2項がある。塩野宏『行政法Ⅲ〔第4版〕行政組織法』（有斐閣、2012年）184頁は、罰則との関係で、「理論上は条例の制定権を憲法が認めている以上、そのサンクションの手段を憲法が認めているのではないか、という議論の余地はある」という。

22 黒川・前註（20）論文117〜119頁、大橋洋一『行政法Ⅰ〔第3版〕現代行政過程論』（有斐閣、2016年）306頁参照。

23 略式代執行については、命令要件は充足しているが受命者不明のためにそもそも個別的命令による義務が課されていないことから、行政代執行法1条の文言を踏まえても、同法が独占する措置ではないという解釈論もありうる。第二東京弁護士会弁護士業務センター『空き家対策への自治体の取組みはどうあるべきか：自治体独自の条例制定で解決しましょう』（2016年10月）〔非売品〕27頁（岡田博史・京都市行財政局総務部法制課長発言）参照。

24 宇賀・前註（4）書225頁、西津正信「日本国憲法は、行政強制消極主義を容認するか？」同・前註（10）書1頁以下・14頁参照。

第2部 | 事業者の意思決定への法的アプローチ

であると思う。立法論としてこれらを認めるようにすることはもちろんであるが[25]、現行法の解釈論としても、1条の「別に法律で定める」の「法律」とは「法律又は条例」であると解せば、条例による規定も可能となるように思われる。同様の解釈論は、条例により土地利用規制ができるかという古典的論点をめぐって、憲法29条2項の「法律」という文言に関してなされているところである[26]。

こうした解釈をすると、2条が「法律の委任に基く……条例」を含むと明記していることとの整合性が問題になる。ここにいう条例とは、現在では、国の事務であるがゆえにそもそも条例制定権の対象にならないけれども個別法がとくに適用除外をして創設的に制定を認めた条例を意味するにすぎないと解せばよい[27]。

もうひとつ考えられる整理は、制定当時の行政代執行法が基本的に権利義務規制をするような独立条例を念頭に置いていないことを前提にして、憲法94条が自治体に認める条例制定権能はそれにより賦課した義務の履行手法の確保の創出をも含んでいると解したうえで、同法が準用されると考えるものである。条例による土地利用規制の根拠を憲法29条2項ではなく憲法94条とみる考え方によれば[28]、代執行に関してもこのように解されるだろう。憲法92条に鑑みれば、この考え方が妥当である[29]。

なお、いずれに解するとしても、条例に規定される手法が比例原則に服するのはもちろんである。

---

25 自治体版の行政代執行法の構想を提唱するものとして、鈴木庸夫「地方公共団体における義務履行確保に関する法律要綱私案覚書」千葉大学法学論集23巻1号（2008年）9頁以下参照。

26 成田頼明「法律と条例」同『地方自治の保障《著作集》』（第一法規、2011年）167頁以下・178〜179頁参照。

27 地方自治法2条2項にいう「その他の事務で法律又は政令により処理することとされているもの」に関する条例がこれにあたるだろう。松本英昭『新版 逐条地方自治法〔第9次改訂版〕』（学陽書房、2017年）37〜39頁参照。

28 議論の状況に関しては、亘理格「1999年地方自治法改正のインパクト」藤田宙靖＋磯部力＋小林重敬（編集代表）『土地利用規制立法に見られる公共性』（土地総合研究所、2002年）〔非売品〕174頁以下参照。筆者は、この立場を支持している。北村喜宣『自治体環境行政法〔第7版〕』（第一法規、2015年）20頁参照。

29 碓井・前註（3）論文153頁も参照。

（エ）行政代執行費用の事前徴収

代替的作為義務の自発的履行を促すためにも、行政代執行に先立って費用の事前強制徴収制度を設けるべきとの提案がされている[30]。行政実務においても、たとえば、廃棄物処理法のもとで発出された産業廃棄物不法投棄に対する措置命令の確実な履行を確保するために、義務者の財産に対する仮保全命令が認容された例がある[31]。

民事保全手続を経なければならない手間や申立てが必ず認容されるわけでもないことを考えれば、こうした制度を立法論として検討する必要性は十分にあるといえよう。なお、悩ましいのは、民事債権との関係である。公的債権の間の優先順位に関しては、行政代執行法6条2項に規定があるが、民事債権が先に設定されていればそれに劣後する。

なお、費用徴収に関して、略式代執行をした場合において、受命者が後日判明したときには民事訴訟によるという解釈が実務においては一般的のようである。しかし、そう簡単にはいかない。立法的解釈がされるべきであるが、解釈論としては、行政代執行法5条を準用して納付命令を発出し、その確定を踏まえて、公法上の当事者訴訟を提起して徴収するほかないように思われる[32]。

（b）即時執行

一定の行政対応が予測される場合には、これに法的根拠を与えることが法治主義の要請である。即時執行のように、個別事案において義務を命ずる時間的余裕がない場合に講ずる強制措置であっても、法律や条例の実施にあたってそうした場面が一般的に想定されるのであれば、法律の根拠は必要である。

30　西津正信「行政代執行制度の改善提案」同・前註（10）書57頁以下・90 ～ 92頁参照。

31　津軽石昭彦＋千葉実『青森・岩手県境産業廃棄物不法投棄事件』（第一法規、2003年）78頁以下参照。なお、命令がされていない状態での仮保全申立てを否定したものとして、福岡高決平成17年7月28日判時1920号42頁がある。

32　北村喜宣「略式代執行の費用徴収：空家法を素材にして」北村喜宣＋山口道昭＋礒崎初仁＋出石稔＋田中孝男（編集）『自治体政策法務の理論と課題別実践』〔鈴木庸夫先生古稀記念〕（第一法規、2017年）293頁以下参照。

第2部 | 事業者の意思決定への法的アプローチ

たしかに、即時執行は、相手方における義務の存在を前提にしない。もっとも、泥酔者保護のような場合を別にすれば、法律または条例において、一定の作為または不作為に関して、直接に義務づけがされていることがある点には留意すべきである。

即時執行は、行政代執行法の前身である行政執行法において一般的に利用可能な形で規定されていた。そのなかでも、とりわけ「検束」が濫用的に行使された事実に鑑み、行政代執行法では規定されず[33]、現在では、即時執行と理解される措置は、警察官職務執行法や道路法など少数の個別法律のなかで限定的に規定されるにとどまっているのは周知の通りである。

即時執行の問題性は、行政執行法が、一般的な形で行政に対して権限を付与した点にある。個別の法律や条例において、その制度趣旨の観点から発生する可能性がある状態を想定して、それへの対応策として要件を明確にして規定するならば、問題は少ない[34]。もちろん、比例原則の制約には服する。もっとも、本来は、命令により義務を課すというルートが規定されそれが優先的に選択されるべきであって、即時執行にはあくまで補完的な位置づけが与えられるにとどまる。

(c) 法律・条例の根拠なき実力行使

(ア) 緊急避難的権限行使

法律・条例が個別に授権をしていないけれども、その目的を実現する観点からは一定の対応が必要とされる場合もある。実効性に関する第1ないし第2の次元の場面である。それが私人の権利を侵害する結果になるときには、

---

33 行政代執行法案提案者は、「行政検束の規定のごとく、過去の歴史において暗い陰影に満ちておるものがあり」とする。第2回国会衆議院司法委員会議録10号（1948年4月6日）1頁〔佐藤達夫・法制長官説明〕参照。

34 最近、老朽空き家対策の手法として、即時執行を規定する条例が制定されるようになってきた。たとえば、「京都市空き家等の活用、適正管理等に関する条例」19～20条参照。同条例については、北村喜宣＋米山秀隆＋岡田博史（編）『空き家対策の実務』（有斐閣、2016年）49頁以下〔岡田博史、今崎匡裕、青山竜治執筆〕参照。この論点については、千葉実「空き家対策における即時執行費用の回収と相続財産管理制度の活用について」自治実務セミナー2018年5月号38頁以下も参照。

第7章　行政の実効性確保制度

法治主義との緊張関係が生ずる。

　この論点に関して注目されるのが、旧浦安町ヨット係留杭撤去事件最高裁判決である（最2小判平成3年3月8日民集45巻3号164頁）。明確な法律上の根拠がないにもかかわらず町が杭を撤去した措置の適法性が争点となったが、同判決は、「民法720条の法意に照らしても……その違法性を肯認することはできず」とした。民法720条2項は、「他人の物から生じた急迫の危難を避けるためその物を損傷した場合」については、損害賠償責任を負わないと規定する。緊急避難である。

　最高裁判決は、様々に解釈されている。法律の根拠論の観点からは、条理を根拠にこうした権限行使を正当化しうる場合があるとする考え方もあるが[35]、そこまでは読み込めないとする理解もある[36]。筆者は、このような限界的事例においては、基本的には、条理にもとづいて必要最小限の措置が可能と解してよいと考える[37]。民法720条が根拠となるわけではない。

（イ）事務管理

　そのほかにも、行政目的の実現の観点から私人の財産に対して講じられる一定の行政措置を民法697条が規定する事務管理と構成し、費用償還権を確保するとともに違法性を阻却させようとする運用がされる場合がある[38]。こ

35　磯部・前註（19）書33頁。

36　宇賀・前註（4）書41頁、原田・前註（18）書233頁。

37　次にみる事務管理と同様、緊急避難は、それによって発生した損害の責任と損害の分配の法理であり、権限行使の根拠を与えるものではない。塩野宏「法治主義の諸相」法学教室142号（1992年）11頁以下・19頁は、権限行使ができるとすれば、その根拠は漁港に関する同町の公物管理権に求めることができるとしている。対応をする行政主体と公物管理権が所属する行政主体が同一であればよいが、そうでない場合には、別の整理が必要になる。

38　東京都足立区は、強風時に壁面が前面道路上に崩落した老朽家屋に対して、危険部位の除去および最低限の建物補強を実施したが、これを民法上の事務管理と解している。吉原治幸「老朽家屋の適正管理に向けた取り組み」地方自治職員研修631号（2012年）71頁以下参照。もっとも、裁判所がそのように認定したわけではなく、一部費用の支払いは任意でなされている。老朽空き家対策としての事務管理に関しては、北村喜宣「空き家対策の自治体政策法務」同『空き家問題解決のための政策法務』（第一法規、2018年）2頁以下・42～44頁参照。

131

れは一種の直接的アプローチといえるが、そうした解釈は可能だろうか。侵
益的行政活動の根拠法としての事務管理である。

　民法697条1項は、「義務なく他人のために事務の管理を始めた者……はそ
の事務の性質に従い、最も本人の利益に適合する方法によって、その事務の
管理……をしなればならない。」と規定する。事務管理の成立（効果としての
求償権の成立（702条））のためには、①本人との関係における義務の不存在、
②事務管理意思の存在、③事務管理の開始、④本人利益最適性という4要件
の充足が必要となる[39]。

　行政活動に関する事務管理の成立について、民法学は比較的緩やかに認め
ているようにみえる[40]。しかし、果たしてそう考えるべきなのだろうか。具
体的な法的権限が授権されていない場合において、ある状態を放置した結果
被害が発生すれば国家賠償法上違法となる蓋然性が高いような緊急事案にお
いてなされる行政の措置は、先に述べたように、条理にもとづいたものと解
すべきであろう。支出した費用は、基本的には行政費用とされるべきである。
立法論としては、要件を限定して原因者負担金として構成したうえで、強制
徴収の規定を設けることも検討されてよい。なお、緊急性のない平時におけ
る行政対応は、法律または条例に根拠を規定すべきなのが原則である。権力
的かどうかという行為の性質のいかんにかかわらず、基本的には、安易に事
務管理を認めるべきではないと考える[41]。ただ、現場実態に鑑みてこうした

39　内田貴『民法Ⅱ〔第2版〕債権各論』（東京大学出版会、2007年）521 ～ 522頁、四
　宮和夫『事務管理・不当利得・不法行為（上）』（青林書院新社、1981年）13 ～ 24頁参照。

40　一般論であるが、「行政官庁が市民の事務を処理すべき義務を負う場合のうち、(i)
　国や地方公共団体の市民に対する「救助」活動は、あるいはサービスであり（この場合
　は事務管理は不成立）、あるいは公法上の規制に服する特殊な事務管理である（この場
　合は、必要に応じ、民法上の事務管理法を補充的に適用すべきであろう）。(ii) 一般の
　官庁が関連事務として市民の事務を処理した場合には、事務管理が成立しうる」とする
　ものがある。四宮・前註（39）書22頁。

41　原田・前註（18）書233頁の問題意識は、とりわけ侵益的効果を持つ行為に関する事
　務管理についても共通しているのかもしれない。緊急に保護が必要となった判断能力の
　著しく低下した高齢者の行う金銭管理に関して、市が事務管理をすることを規定するも
　のとして、国分寺市高齢者緊急一時事務管理実施要綱がある。同趣旨のものとして、「奥
　多摩町成年後見制度等の利用に係る緊急事務管理の実施に関する要綱」がある。

第7章 行政の実効性確保制度

結論が妥当かどうか、さらなる検討をしてみたい[42]。

(d) 交渉による行政

　最近の自治体行政においては、義務違反をしている相手方を「押さえつけて」義務履行させるのではなく、交渉を通じてそれを実現する仕組みが制度化されており、注目される。制定が急速に進んでいる空き家条例のもとでは、緊急安全措置と称される仕組みが規定されている。その嚆矢は、2010年制定の「足立区老朽家屋等の適正管理に関する条例」（足立区老朽家屋条例）である[43]。

　適正管理義務に違反して建物を危険な状態にしている所有者は、自らその状態を改善しなければならない。しかし、それができないと区長に申し出れば、危険状態が具体的に切迫したときに、区長は、当該建物に対して、必要最低限度の措置（緊急安全措置）を講ずることができる。即時執行の事前承認のようなものである。申し出がないと対応できないのであるが、実際には、行政が危険度を事前調査して状況を所有者に説明し、費用の支払いを含めた同意を文書でとっておくのである。停止条件付きの措置準委任契約のようなものであろう。

42　「行政に事務管理が成立するか」という論点について、現行法制度を事務管理的に説明する以上の作業を、行政法学はしてこなかった。鈴木庸夫「自治体行政における事務管理」自治法規実務研究会『現行自治六法速報版平成27年版』（第一法規、2014年）は、大震災時を素材にしてこの論点を検討する最初の本格的業績である。筆者の検討として、北村喜宣「行政による事務管理（一）（二）（三・完）」自治研91巻3号33頁以下・同4号28頁以下・同5号51頁以下（2014年）参照。宇賀克也も、「国や自治体が、私人間での事務管理に当たることをして、それが他人の権利の侵害に当たることになりますと、法律の留保に反しないかが問題となります。」と指摘する（北村喜宣＋宇賀克也＋長谷川高宏＋中山順博＋仲村讓「〔パネル討論〕実効性ある自治体「空き家」対策：増加が見込まれる行政代執行の手法と効果・評価、課題・展望」北村喜宣（編）『行政代執行の手法と政策法務』（地域科学研究会、2015年）146頁）。なお、こうした理解に批判的なものとして、塩野宏『行政法Ⅰ〔第6版〕行政法総論』（有斐閣、2015年）47～48頁参照。

43　足立区条例については、吉原治幸「東京・足立区「老朽家屋等の適正管理に関する条例」の仕組みと実務」北村喜宣（監修）『空き家等の適正管理条例』（地域科学研究会、2012年）55頁以下参照。

133

第2部 | 事業者の意思決定への法的アプローチ

（3）間接的アプローチにもとづく手法

（a）行政罰

（ア）「特別の定め」の多様性

行政法により課せられた義務に違反した制裁として最も一般的なのは、行政罰である。行政刑罰（死刑、懲役、禁錮、罰金、拘留、科料、没収）と秩序罰（過料）に分けて整理される[44]。条例にもとづく過料以外は、裁判所が関与する。

行政刑罰は、過去の行為に対して適用される[45]。刑法8条は、行政刑罰に対して刑法総則が適用されるとする一方で、法令に特別の定めがあればこのかぎりではないとする。

個別行政法においては、その実効性確保のために、多様な「特別の定め」が規定されている。個人犯・故意犯・既遂犯が刑法の基本であるところ、義務の履行確保のために、それを超えた行為を刑事罰の対象にしているのである。

廃棄物処理法を例にして、これを確認しよう。1970年に同法が制定された当時、同法には、個人犯に対する懲役刑・罰金刑のほかに、使用者・事業主に対しても、違反行為を防止する注意義務違反があったと推定して、その刑事責任を問う両罰規定が設けられていた。個人に対する刑罰は、たとえば不法投棄の罪に対しては、1970年法が既遂犯に対して5万円以下の罰金のみであったところ、その後、数次の改正を通して厳格化され、現在では、5年以下の懲役または千万円以下の罰金（併科あり）となり、未遂犯も処罰される（25条1項14号、2項）。廃棄物の不法投棄に関しては、それを目的とする収集運搬が処罰対象となり（26条6号）、廃棄物の無確認輸出の準備行為が処罰対象となっている（27条）。虚偽届出などに対しては、秩序罰である過料も規定されている（33～34条）。両罰規定および法人重科については、後に検討する。過失犯こそ規定されていないものの、廃棄物処理法は、さながら「行政刑罰の

---

[44] 一般的に、大橋・前註(22)書316頁以下、宇賀克也「行政制裁」ジュリスト1228号（2002年）50頁以下、北村喜宣「行政罰・強制金」本書第6章参照。

[45] 実際に規定されるのは、懲役および罰金である。（行政法といえるかは微妙であるが、）「海賊行為の処罰及び海賊行為への対処に関する法律」4条1項は、海賊行為をして人を死亡させた者を死刑または無期懲役に処すると規定する。

134

展示場」のような状況にある。すべては、原状回復にはかなりのコストを要する不適正処理や不法投棄を未然に防止しようとしての措置である[46]。

（イ）条例にもとづく過料

　条例の行政罰に関しては、地方自治法14条3項が、「普通地方公共団体は、法令に特別の定めがあるものを除くほか、その条例中に、条例に違反した者に対し、2年以下の懲役若しくは禁錮、100万円以下の罰金、拘留、科料若しくは没収の刑又は5万円以下の過料を科する旨の規定を設けることができる。」と規定する。このなかで、5万円以下の過料は、分権改革のなかで、条例による規律範囲の拡大を前提にして、義務履行確保手法として一般的に活用できるようするために規定されたものである。

　法令の過料は、行政処分ではあるものの、非訟事件手続法にもとづき裁判所によって科される[47]。これに対して、条例の場合は、地方自治法255条の3にもとづいて行政手続により科しうることから、規定例が増えている。影響が軽微な条例違反に対しては、行政の意欲次第では、相当の効果を発揮しうる[48]。なお、刑罰の内容は、比例原則にもとづいて、処罰対象との罪刑均衡により決定すればよいのであり、一律の法定上限を設けて自治体の団体自治を制約する合理性はないように思われる[49]。

46　北村・前註（8）書503～505頁参照。

47　法律のもとでの過料をめぐる問題点については、川出敏裕＋宇賀克也「〔対談〕行政罰：刑事法との対話」宇賀克也＋大橋洋一＋高橋滋（編）『対話で学ぶ行政法：行政法と隣接法分野との対話』（有斐閣、2003年）88頁以下・96頁参照。

48　「安全で快適な千代田区の生活環境の整備に関する条例」の執行実態は有名である。北村喜宣「条例の義務履行確保手法としての過料：千代田区生活環境条例の試み」同『行政法の実効性確保』（有斐閣、2008年）27頁以下参照。

49　山谷成夫＋鈴木潔「行政上の義務履行確保（下）：法制度改革のデザイン」自治研究82巻7号（2007年）54頁以下・55～56頁は、地方自治法の改正による引き上げを主張するが、法律の枠をはめるという発想それ自体の合理性が問題とされるべきであろう。比例原則との関係については、須藤陽子「地方自治法における過料」行政法研究21号（2015年）1頁以下・5～6頁参照。

第2部 事業者の意思決定への法的アプローチ

(b) 強制金

行政代執行法の前身である行政執行法5条1項および6条において一般的に規定されていた執行罰としての過料は、同法の廃止とともにその根拠規範を失い、現行法では砂防法36条に残るのみである。非代替的作為義務および不作為義務の履行手法としてこれを活用しようという動きは、長らくみられなかった。しかし、一般的に規定されなかった理由として指摘される「効果のなさ」については[50]、実証的根拠を欠くと主張され[51]、最近では、むしろこれを活用すべきという議論が多くなっている[52]。

執行罰という名称に関しては、「刑罰」ではないという観点からドイツ法にならって「強制金」とすべきといわれる。行政法上の義務を将来のある時点までに履行しなければ一定額の金銭を賦課するこの手法は、たしかに有望であるようにみえる。もっとも、前提となる義務は不利益処分により課されるが、徴収のための行政リソースがなければ処分それ自体が控えられかねない点に留意が必要である。

(c) 制裁的公表

(ア) 活用の背景

行政による公表とは、一般には、ある意図を持って行政がその情報を社会に提供する行為を意味するが、実効性確保のコンテキストでは、制度の対象となる者の意思決定をある方向に誘導するための手法として理解される[53]。法律においても条例においても、規定例が増えている。その背景として指摘されるの

---

50 たとえば、行政代執行法案提案者は、「執行罰については、その効用比較的乏しく、刑罰による間接の強制によつておおむねその目的を達し得る」としていた。第2回国会衆議院司法委員会議録10号（1948年4月6日）1頁［佐藤達夫・法制長官説明］参照。

51 西津政信『間接行政強制制度の研究』（信山社出版、2006年）、および、そこで引用されている諸文献参照。

52 阿部・前註（3）法システム（上）281～282頁、宇賀・前註（4）書223～226頁、大橋・前註（22）書330～331頁、西津・前註（10）書、山谷＋鈴木・前註（49）論文61頁参照。

53 阿部・前註（3）法システム（下）442～444頁参照。誘導の前提として、法的義務違反を前提としない場合のみを想定するものとして、中原茂樹「行政上の誘導」磯部ほか（編）・前註（20）書203頁以下・204頁参照。

136

は、以下のような事情である。第1に、行政罰とは異なり行政だけの判断で適用可能でありコストがかからない。第2に、事業者など社会的信用を重視する相手方には効果が大きいために、それを背景に行政指導をすることができる。

公表される情報の内容は、ある事業者に関して、行政が求めた事項の実現がされなかった事実である。そのかぎりでは情報提供にすぎないけれども、多くの場合、何らかの法的義務づけを前提にして、その違反に対する制裁として制度化されている。不利益処分ではないから行政手続法制の適用は受けないと整理されているようであるが、公表に際して聴聞を規定する例が多いという実態は、その制裁意図を傍証するものである。

公表が制度化された最初の頃は、その機能はもっぱら情報提供であって制裁的色彩はないと認識されていたように思われる。指導や勧告といった行政指導に従わない者の氏名等を公表するという仕組みを、行政手続法32条2項（およびそれに相当する行政手続条例関係規定）との関係で合理的に説明しようとすれば、公表措置は「不利益な取扱い」ではないというしかない。しかし、それは相当に困難である。法律や条例のなかで、抽象度は別にして、何の法的義務づけもされていない場合になされる行政指導不服従を要件とする公表措置は、法治主義に反して違法といわざるをえないだろう[54]。

なお、義務を前提とする場合、制裁的公表と行政代執行法の関係が問題になる。同法制定時には、こうした手法は想定されていなかったから、同法に規定がなくても、制裁的公表が積極的に排斥されていると解する理由にはならない。個別法で規定できるのはもちろんであるし、行政代執行法2条をめぐる前述の解釈論によっても、条例で規定することは可能である。

（イ）効　果

直接的アプローチである行政代執行の場合には、相手方が誰であろうが行政が責任を持って命令状態を実現するから、そのかぎりで効果は把握できる。

54　北村喜宣「行政指導不服従事実の公表」同・前註（48）書73頁以下・93頁参照。また、藤島光雄「政策手法としての公表制度」北村ほか（編）・前註（32）書323頁以下も参照。

第2部 事業者の意思決定への法的アプローチ

ところが、間接的アプローチである公表の場合には、その点がやや曖昧になる。公表情報の受け手である市場がどのように反応するかが効果の分かれ目であり、まったく鈍感であれば、何の効果も生まれない。制度化にあたっては、工夫が求められるところである。

2010年に、東京都火災予防条例が一部改正された。新設された64条の3は、「消防総監は、防火対象物の設備、管理等の状況が法、令及びこの条例に違反する場合は、都民が当該防火対象物を利用する際の判断に資するため、その旨を公表することができる。」（1項）と規定する。「法、令」とは、消防法、同法施行令を意味する。消防法令違反物件について、その事実、名称、住所を公表するとしたのである。

消防法の目的は、「国民の生命、身体及び財産を火災から保護する」（1条）ことである。法令遵守は目的実現にとって不可欠であるが、建築物関係者の防火意識が希薄であるため、報告聴取・立入検査、行政指導、行政命令などによる対応がされてはいるものの、建築物の多さに鑑みれば、消防行政リソースはいかにも脆弱であり、多勢に無勢の感は否めない。とりわけテナントビルのように入れ替わりの激しい建築物に関しては、入居時に発生した違反が是正されず放置されていたり、苦労して是正させてもすぐに違反状態に復帰するようになったりである。東京消防庁が2009年度に2,702棟の立入検査を実施したところ、重大・軽微あわせて全体の93.6％が何らかの違反をしていたという驚くべき結果が出た。

もちろん、これに対しては、権限行使をより厳格にして改善を図るのが基本であろう。しかし、それだけに頼るのでは違反率の減少は見込めない。そこで、東京消防庁は、条例改正によって、違反事実の公表制度を制度化したのである。かつて、消防・建築法令適合性を表示するために「適マーク」制度があった。これはポジティブ情報の公表であるが、それとの対比でいえば、制度的には、住民への情報提供目的とともに制裁目的をも持ったネガティブ情報の公表である。いわば「不適マーク」制度である。情報は、違反状態が継続するかぎり、東京消防庁のウェブサイトなどで公表される[55]。その結果、インターネットの検索サイトで具体的施設名を入力すれば、当該施設のウェ

ブサイトと並んで、当該施設に関する違反情報を公表する東京消防庁のウェブサイトも（場合によっては、同じ画面に）出てくる可能性がある[56]。

実効性確保の組織論

(1) 専門部署の設置

以上では、実効性確保手法を検討してきた。手法それ自体を使いやすくするための法政策対応は、たしかに必要である。しかし、それだけでは十分ではない。実効性確保を制度として把握する場合に重要なのは、これら手法を的確に適用できる態勢が確保されているかどうかである。

行政代執行に関して先にみたが、権限は与えられているものの、経験、人員、予算などの行政リソースが不十分であるがゆえに、全体としてみれば、適切な執行はされていないという実態は、少なくともこれまでの実証研究が共通して指摘するところであった[57]。違反対応は、行政現場では「面倒なこと」と受け止められているがゆえに、手法があっても活用されない傾向にある。恣意的・濫用的であってはならないのはもちろんであるが、実効性確保手法の適用を「より日常化」するための組織に関する工夫が求められる[58]。この点に関して、義務履行確保活動を「いくつもある仕事のひとつ」とする所掌状態を排して、法律専門職を配備した全庁的な執行専門部署の設置が提案されるようになっている[59]。行政現場への警察官の派遣・出向人事は、そ

---

[55] 違反対象物公表制度のサイト（http://www.tfd.metro.tokyo.jp/kk/ihan/index.html）を参照。

[56] 北村喜宣「「不適マーク」！：ネガティブ情報の公表」自治実務セミナー50巻8号（2011年）19頁参照。当該施設のウェブサイトには、取引先金融機関名が記されている場合がある。結果的に、違反施設に融資していることになるから、かりにこうした事実が金融機関の知るところとなれば、経営に相当の影響が発生するものと推測される。おそらく、東京消防庁の行政指導によるよりもはるかに迅速に是正対応がされるのではないだろうか。

[57] 関係文献も含めて、小川・前註（3）論文参照。同論文4頁は、ギャップがあるという事実は、「大人の常識」という。ただし、前註（12）で紹介した空家法の執行過程という注目すべき例外がある。

[58] 大橋・前註（22）書329頁、小川・前註（3）論文29頁も参照。

第2部 事業者の意思決定への法的アプローチ

れなりの効果をあげている組織的対応である[60]。

　法律や条例のなかに実効性確保手法を規定した立法者は、それが的確に動員されることを当然に期待している。ところが、行政にとって「手に負える」だけの武器が与えられているにもかかわらず、時機を失したがゆえに手に負えなくなってしまう例が少なくないのが実態である。「早期発見、早期対応」は、実効性確保において最も重視すべき基本的姿勢である。行政は、個別事案において、授権された権限を適切に行使するのみならず、それが可能になるような組織態勢の整備も同時に命じられていると考えるべきである。

　国家賠償法の適用の次元においては、予防接種禍などに関して、組織的過失という観点から、公権力の不行使の違法性が論じられている[61]。しかし、実効性確保手法の適用の場面においては、こうした視点での議論はあまりされてこなかった。武器さえ与えれば十分に使いこなせると考えるのは、あまりにもナイーブである。本章では、本格的な議論はできないが、組織の文化や体制を考えない実効性確保手法論は絵に描いた餅になる点を指摘しておきたい。税金の滞納者への対応のノウハウは、的確な権限行使一般に対して、大いに参考になると考えられる[62]。その経験や認識を、ほかの行政分野にも水平展開させるべきであろう。

59　西津・前註（30）論文99～100頁、三好・前註（13）論文229～231頁参照。いずれの論者もかつて行政職員であった研究者であり、実務実態を踏まえた提案となっている。筆者も同方向の提案をしている。北村喜宣「規制改革時代における行政執行過程の課題」北村・前註（48）書312頁以下・326頁参照。

60　北村喜宣「環境規制執行の実態と執行法政策」北村・前註（48）書153頁以下・159～161頁参照。

61　阿部泰隆『行政法解釈学Ⅱ』（有斐閣、2009年）381頁、宇賀克也『行政法概説Ⅱ〔第6版〕行政救済法』（有斐閣、2018年）451～452頁参照。

62　小川・前註（3）論文29頁参照。秋田県大仙市は、独立条例としての空き家適正管理条例のもとで、積極的に行政代執行を実施している点で例外的である。担当課長は、かつて徴税担当者であり、筆者に対して、差押えなどを日常的にやっていたため、行政代執行のハードルをそれほど高いとは感じていないと語っていた。そのノウハウは、同県近隣の町（美郷町、八郎潟町）にも伝えられ、老朽危険空き家に対して行政代執行が実施されている。進藤久「秋田・大仙市「空き家等の適正管理に関する条例」の取組み：制定、運用（行政代執行等）、成果と課題」北村（監修）・前註（43）書69頁以下参照。

第7章 行政の実効性確保制度

（2）法執行過程への私人の参画

専門部署が設置されたとしても、法目的に即した活動が保障されるわけでは必ずしもない。何役もの役割を兼務する従来型の組織と比較すれば、はるかに実効性確保に前向きになると思われるが、「外部の眼」で活動をチェックする必要性は、なお失われるものではない。その主役は私人である[63]。これには、訴訟的対応と行政的対応がある。

行政訴訟としては、非申請型義務付け訴訟がある。訴えられる可能性を行政に認識させる点では意味はあるが[64]、訴訟要件・本案要件ともそれなりにハードルは高い。法治主義の観点からは、司法手続ではなく行政手続のなかで的確な権限行使を促す仕組みを整備する必要があるだろう。かつての機関委任事務であれば、自治体は「国の事務」を実施していたから、実効性のある執行に対してそれほどの責任感を持っていなかったかもしれない。しかし、それが自治体の事務になった現在、住民に対してアカウンタビリティのある活動をすることは、住民自治の観点からも強く求められているというべきである。

2015年に改正された行政手続法は、「何人も、法令に違反する事実がある場合において、その是正のためにされるべき処分又は行政指導（その根拠となる規定が法律に置かれているものに限る。）がされていないと思料するときは、当該処分をする権限を有する行政庁又は当該行政指導をする権限を有する行政機関に対し、その旨を申し出て、当該処分又は行政指導をすることを求めることができる。」（36条の3）という規定を設けた。「処分等の求め」である。法令違反に対する権限発動請求促進制度のひとつとして位置づけられる[65]。

それを先取りして2009年に制定された多治見市是正請求手続条例は注目される[66]。「市民の権利利益の保護を図るとともに、市政の適正な運営に資する」ことを目的とする本条例は、市の機関の作為・不作為が適正でないと

---

63 碓井・前註（3）論文163頁参照。

64 小川・前註（3）論文12頁参照。

65 行政管理研究センター（編）『逐条解説行政手続法〔改正行審法対応版〕』（ぎょうせい、2016年）272頁以下参照。

66 多治見市条例については、福田康仁「多治見市是正請求手続条例のねらいと背景」政策法務Facilitator28号（2010年）9頁以下参照。

141

第2部｜事業者の意思決定への法的アプローチ

考える「何人」に対しても、その是正を請求する権利を付与している。すなわち、「何人も、市の機関の行為等が適正でないと考えるときは、当該行為等の是正を請求することができる。」(3条1項)。請求の対象は、処分のみならず行政指導、法定外自治事務のみならず法定自治事務にも及んでいる。実効性確保との関係でいえば、具体的事案における市長の権限不行使が対象とされる。制度の趣旨は、法律・条例担当部署に対して、その活動状況に関するアカウンタビリティを果たさせる点にある。

　この制度は、行政権限の的確な発動を企図するものであるが、そこまで踏み込まなくても、法目的の実現の観点から問題があると思料される状態に関する情報を行政に提供する役割を私人に期待するという方策もある。一般的なものとしては、2004年制定の公益通報者保護法や2003年制定の千代田区職員等公益通報条例があるし、個別法としては、労働基準法104条、労働安全衛生法97条などがある。ここで想定される私人は、抽象的存在としての私人ではなく、違反情報などに物理的に近接する場所にいる私人である。申告をした私人に対する不利益取扱いを刑罰の担保のもとに禁止するこうした制度は、法治主義の実現への強い立法者意思を感じさせる。

(3) 行政活動の情報提供

　こうした対応の前提として、行政活動の状況に関する情報が提供されていなければならない。そうした例は多くないなかで、千代田区は、「安全で快適な千代田区の生活環境の整備に関する条例」(千代田区生活環境整備条例)のもとで路上喫煙行為に対して賦課された過料件数を、同区のウェブサイトで公開している[67]。東京消防庁の違反建築物公表制度は、前述の通りである。

　個別の違反対応ではなく、法律や条例の実効性を全体としていかにして把握するかは、困難な課題である。規制制度の合理性を国民が支持することは重要であるが[68]、それが実効的に実施できていることに対する国民の

---

[67]　執行件数のサイト (http://www.city.chiyoda.lg.jp/service/00068/d0006855.html) を参照。

[68]　曽和俊文「行政法執行システムの史的展開」同・前註 (3) 書1頁以下・20頁参照。

支持も、また重要である。実施状況をオープンにして、行政手続として権限発動請求促進制度を導入するのが、さしあたりは現実的な方策であろう。行政手続法の改正部分は、法定自治体事務にも適用されるが、独立条例にもとづく事務に関しては、それぞれの自治体が同様の仕組みを検討すべきであろう。実効性確保を考えるにあたっては、民主政の観点を意識することが必要である[69]。

6 実効性確保に関するいくつかの法制度設計

(1) 両罰規定と法人重科

　多くの経済活動が法人の活動として実施されている実態に鑑みれば、行政法規違反を未然防止するという観点からは、法令遵守に対する法人の意識を高めることが、実効性確保にとっても重要になる。そこで、義務違反をした個人に対して刑罰を科す行政法において、違反者本人のほかにその属する組織に関しても罰金を科す両罰規定が一般的となっている。

　科される罰金額は個人のそれと同額なのが原則であるが、一般的抑止効果の観点からこれを増額する、いわゆる法人重科もみられる。金融商品取引法のもとでの有価証券報告書の重要事項に関する虚偽記載は、10年以下の懲役または1,000万円以下の罰金になっているところ（197条1項）、法人に対しては7億円以下の罰金が科されうる（207条1項1号）。また、公訴時効に関しては、罰金にあたる罪のそれが3年であるところ、それを10年以下の懲役にあたる罪の7年にする（刑事訴訟法250条2項4号・6号）という措置も、法人重科のひとつである。これらの対応は、金融商品取引法（207条2項）のほか、社会的に厳罰化が求められている廃棄物処理法（32条1項1号、2項）や商品先物取引法（371条1項、2項）など、いくつかの例がある。

---

[69] 小川・前註（3）論文14～15頁参照。

第2部 │ 事業者の意思決定への法的アプローチ

(2) リンケージ

(a) 関係法令違反の許可取消事由化

許可制を採用する法律においては、許可の際に審査に用いられた基準およびその後の活動に関する規制基準（例：操業基準、処理基準）の継続的遵守が義務づけられるのが通例である。それらは許可の根拠法規に規定されるものであるが、それを超えて、他法令の違反を理由に許可を取り消すようなリンケージ措置が講じられる場合がある。許可取消が事業活動に甚大な影響を与えることをいわば「人質」にして、関連法令の履行を確保しようという戦略である。

たとえば、廃棄物処理法のもとでの産業廃棄物処理施設の許可取消事由として、同法以外の生活環境保全法令違反で有罪となったことがあげられている（15条の3第1項1号、14条5項2号イ、7条5項4号ハ）。同施設を設置している事業者が水質汚濁防止法の特定施設も設置して操業をしていた場合において、排水基準違反で罰金刑が確定すれば、同者の設置にかかる産業廃棄物処理施設の許可も取り消されるのである。なお、そうなれば、同者が所有・操業する別の事業場における処理施設についても取消事由を充たす結果になる（7条5項4号ニ）。このため、まさに「一石多鳥的取消し」が発生する[70]。

(b) 給水拒否

都市計画法の開発許可権限を持たない市町村や、持っていたとしても許可対象規模未満の開発をまちづくり計画やガイドラインに則して誘導したいと考える市町村のなかには、水道法にもとづいてなされる給水契約申込みの拒否を示唆するという運用をしているところがある。建築基準法に違反した建築物の所有者からの申込みは拒否できるかという論点もある。水道法は、「水道事業者は、事業計画に定める給水区域内の需要者から給水契約の申込みを受けたときは、正当の理由がなければ、これを拒んではならない。」とし（15条1項）、その違反は、1年以下の懲役または100万円以下の罰金に処すると

---

70 こうした対応が合理的であるかどうかについては、筆者は疑問を持っている。北村・前註（8）書488頁参照。

している（53条3号）。

「正当の理由」の解釈問題であるが、十分な水源が確保できないなど水道法固有の事情はこれに含まれると考えられている（最1小判平成11年1月21日民集53巻1号13頁）。一方、他法令の遵守状況や行政指導への対応状況は、水道法とは関係がないがゆえに、現在の法状態では否定に解さざるをえないだろう[71]。なお、自治体においてこうした措置がとられるようになった背景には、独立条例によって土地所有権を制約することの適法性への自信のなさがあったと推測される。その意味では、「時代の産物」であった。現在では、比例原則などの制約は当然に受けるものの、徳島市公安条例事件最高裁大法廷判決（最大判昭和50年9月10日刑集29巻8号489頁）の法理のもとで独立条例を制定できる点については争いがない。成長管理やまちづくりという新たな政策枠組みのなかで、経済活動を計画的に制御する発想を法制度化すべきである。

(3) 要綱、条例、処分基準を通じた実効性確保

(a) 要綱から条例へ

前述の第2の次元で実効性を把握した場合、個別法の不十分さを補完するために策定された要綱の存在を見落とすことはできない。典型的には、建築基準法や都市計画法だけでは、「まちづくり行政の実効性を確保できない」ために、いわゆる開発指導要綱が多用されてきたのである。

たとえば、都市計画法は、「都市の健全な発展」（1条）という目的を持つにもかかわらず、そこに規定される法関係が行政と事業者の2極関係となっているがゆえに、法律規制を忠実に実施すると地域住民や地域社会の利益が反映されないという不合理がもたらされる結果になった。そこで、開発許可権限の有無にかかわらず、もっぱら行政指導を通じて、行政が期待するような行為の実現が事業者に求められ、事業者がこれにそれなりに対応したために、それなりの効果が実現された事実は、周知の通りである。

---

71 原田・前註（18）書216～217頁参照。肯定説として、磯部・前註（19）書110頁参照。

第2部　事業者の意思決定への法的アプローチ

　ところが、1995年制定の行政手続法およびその後に制定された行政手続条例のなかで、行政指導の限界が明らかにされるにつれ、要綱による対応の限界もまた明らかになってきた。そうしたことから、その内容を条例にする傾向も観察された。法治主義にかなう実効性確保という観点からは、望ましい対応である[72]。

　こうした条例は、法律とは規律対象を基本的に同じくするものの、法律とはリンクせずに適用される独立条例である。分権改革以前においては、法律にもとづく権限の多くは機関委任事務であったためにそもそも条例制定権の範囲外であり、法律と融合的に適用されるリンク型条例は制定できなかったのである。

　独立条例の適用においては、実質的に、法令が求める基準の履行可能性が事実上前倒し的にチェックされるとともに、それとの関係で上乗せ・横出し的な基準の遵守状況がチェックされる[73]。いわば「大は小を兼ねる」運用であった。このため、とりわけ条例を制定する自治体が法律上の事務も実施している場合、独立条例の手続が終了すれば法律にもとづく審査もされたことになるため、法律事務はほとんど形骸化していた。

(b) 非リンク型条例の限界

　独立条例と法律手続は別の次元にあるから、たとえば、独立条例の手続が終了していないにもかかわらず法律にもとづく申請がされたならば、行政手続法7条が規定するように、審査を開始せざるをえないという限界はあった。また、行政にとって満足のいくような形で事業者が独立条例に対応してくれたとしても、その次の段階において、形骸化している法律審査を強いる運用

72　多くの事例があるが、一例として、要綱に代わって1996年に制定された神奈川県土地利用調整条例をあげておこう。この論点については、内海麻利『まちづくり条例の実態と理論：都市計画法制の補完から自治の手だてへ』（第一法規、2010年）、礒崎初仁「神奈川県土地利用調整条例の制定と運用：行政指導の「法制度化」は何をもたらしたか」法学新法［中央大学］123巻7号（2017年）623頁以下参照。

73　法律にもとづく規制の適用との時間的関係で整理すると、独立条例は、①前置条例、②並行条例に区別できる。現実には、ほとんどの独立条例は、法律にもとづく申請の前段階で一定の措置を講ずることを事業者に求める①タイプである。北村・前註(8)書89〜97頁参照。

146

になるため、二重行政状態が制度化されるという不合理もあった。法律とリンクしないがゆえの限界である。

独立条例が必要とされたのは、法律が遵守を求める基準だけでは当該法律の目的が自治体現場において十分に実現できないという認識があったからである。そこで、政策法務的に考えれば、法律の基準に加えて、自治体独自の基準を法定基準とすることができれば最も適切である。また、法律手続が予定する申請状態よりも計画熟度の低い段階で所定の対応をすることが結果として法律目的の実現にも資するのであれば、法律に前置する条例手続を必須のものとして、それが履践されない場合には法律の申請を不適法とする仕組みをつくるのが、最も適切である。

(c) リンク型条例への展開

条例による実効性確保論は、分権改革後の現在では、新たな展開をみせる。法律および政省令・通知など国が決定した制度だけではその目的を地域において十分に実現できないと考える自治体が、機関委任事務の廃止によって自らの事務となった法定事務に関して、法律実施条例を制定して実効性確保を図るようになるのである。従来の行政法学の議論においては、法律に規定される行政手法に関する議論が実効性確保論の中心であったが、これからは、条例という手段にも議論の射程を拡げる必要がある。

法律実施条例とは、当該法律のもとで事務を担当する自治体が、地域特性に応じた法律適用をするために、法律規定事項について、上乗せや横出しなどをしたり、詳細化や具体化などをしたりする機能を持つ条例である。独立条例は、それだけで適用が可能ないわゆるフル装備条例であるが、法律実施条例は、法律を修正したり追加したりする内容だけが規定される。修正された内容は法律の一部となり、法律とリンクして機能する[74]。なお、「条例」といっ

---

74 独立条例および法律実施条例をめぐる議論については、北村・前註（8）書83頁以下参照。北村喜宣「地域空間管理と協議調整：景観法の7年と第2期景観法の構造」同『分権政策法務の実践』（有斐閣、2018年）248頁以下では、景観法の実効性確保の視点から法律実施条例と同法とのリンケージを論じた。

第2部｜事業者の意思決定への法的アプローチ

ても、その全体がひとつの機能を持っているとは必ずしもいえない。そうした機能がひとつの条例という枠組みのもとに併存している場合もある[75]。

　こうした条例の行政法学的検討は、まだ深まっていない。自治体行政実務においては、たとえば、「横須賀市宅地造成に関する工事の許可の基準及び手続きに関する条例」「神戸市廃棄物の適正処理、再利用及び環境美化に関する条例」「鳥取県廃棄物処理施設の設置に係る手続の適正化及び紛争の予防、調整等に関する条例」に先駆的実例をみることができる[76]。機関委任事務時代であれば、条例を認容する個別規定が法律になければならなかったところ、それぞれ宅地造成等規制法および廃棄物処理法の実施責任を負う自治体が、地域において、自治体の事務となったものの実効性を確保するべく制定したものである。

　それでは、先にみた水道法のもとでの供給契約締結について、「正当の理由」を法律実施条例で具体化し、その内容として、たとえば、建築基準法違反や自主条例としてのまちづくり条例違反を規定できるだろうか。需要者の健康に大きな影響を及ぼす効果があることに鑑みれば、この点は消極に解さざるをえないだろう[77]。

7 行政の実効性確保論の今後

　行政の実効性確保に関するこれまでの行政法学の議論は、手法論に傾斜している。その重要性は否定できないものの、個別法の制度趣旨の実現という観点から実効性をとらえる本章の立場からは、検討の成果を踏まえて、実態論や法制度設計論が深められるべきである。

　さらに、実効性確保戦略論の可能性も指摘できよう。たとえば、一般的義

---

75 空家法のもとでの整理については、北村喜宣「空家法制定後における市町村の条例対応とその特徴」同『空き家問題解決のための政策法務』（第一法規、2018年）270頁以下・273頁〔図表92〕参照。

76 北村・前註（28）書38～39頁参照。

77 宇賀・前註（4）書269～271頁も参照。一方、碓井・前註（3）論文146頁は、「憲法および法の一般原理に違反しない限り許容されるといってよい。」とする。

148

務づけに対して勧告のみの対応をする法システムに対しては、「実効性に欠ける」という評価がされがちである。しかし、義務づけられた内容の実現をするために、勧告が示す方向に違反者の意思決定を向かわせるべく、そのようにした方がトクであるという情報を行政が提供し、あわせて、補助金も支給することにより、勧告内容が実現されるとすれば、目的は十分に達成されているのであって、「命令→代執行・刑罰」という「強面」の法システムにする必要は必ずしもない[78]。あるいは、そのような法システムを整備したとしても、それを背景にして、敵対的ではなく協調的な対応を戦略的にとることで、目的をより低いコストで実現する結果になるかもしれない。

　すべての義務違反に対する完全執行を考えるのは、非現実的である。対応の必要性の高い違反事例に厳格に対応するとともに、その結果を広く広報して義務違反を抑止するのが合理的である。一定数の違反は放置されるけれども、全体の執行状況と法目的の実現状況を評価したうえで市民に提示し、あるべき執行レベルを探究するとともに執行活動に対する支持を調達するのが適切であろう。

　このような研究視点を踏まえて分析を進めるためには、行政法学だけではなく、行政学、法社会学、経済学などの知見が不可欠である。これらの学問分野においては、「行政法の実施」は必ずしも注目される研究対象ではないのが実情であるが、共同研究を通じて行政法学が得られるものは少なくないように感じる[79]。

78　「足立区老朽家屋等の適正管理に関する条例」にもとづく老朽家屋の解体実務は、まさにこうした方針で展開されている。吉原・前註（43）論文、吉原治幸「老朽家屋の適正管理に向けた取り組み」地方自治職員研修631号（2012年）71頁以下参照。

79　とりわけ行動経済学において、行政規制との関係で「ナッジ（そっと押すこと）」が注目されている。リチャード・セイラー（遠藤真美（訳））『行動経済学の逆襲』（早川書房、2016年）、キャス・サンスティーン（田総恵子（訳））『シンプルな政府："規制"をいかにデザインするか』（NTT出版、2017年）参照。

149

Part 2

第8章

環境法規制の仕組み

〔要旨〕
　環境法においては、環境負荷発生者の意思決定を良好な環境質の実現へと向けるため、実体や手続に関する規制が、強制や任意のアプローチを用いて規定される。まず、政策的に決定される目的のもとで、規制対象が特定される。そして、それに対して、一定行為の作為や不作為が、サンクションを背景に義務づけられたり（強制手法）、金銭や情報を用いて誘導がされたりする（誘導手法）。さらに、法律とは別に、行政と事業者の合意を通じて、個別的な義務づけがされることもある（合意手法）。

第2部 事業者の意思決定への法的アプローチ

1 現代行政法としての環境法

　法の計画化、法の非完結性、法主体および行政手法の多様化は、現代行政法の大きな特徴である[1]。なかでも環境法は、こうした特徴を最も強く体現している法分野であり、行政法総論にも、多くの研究素材を提供している[2]。

　環境法のエッセンスは、現在および将来の環境質の状態に影響を与える関係主体の意思決定を、社会的に望ましい方向に向けさせるための制度を規定することにある[3]。そのための具体的な法システムが、個別環境法である。個別環境法においては、1条に規定される目的、および、それを具体化すべく策定される基本方針[4]や基本計画のなかで示される内容を実現するために、様々な政策手法が規定され、そしてそれらを相互に関連させたシステムが構築されている。そうした政策手法の究極的な作用対象は、環境負荷の発生に関係する意思決定をする個人である。

　本章では、個別環境法の理解を促進するためのモデル的な仕組みを説明する。環境負荷発生主体の意思決定に対して、環境法はどのような法的アプローチをしているのだろうか。そのアプローチは、マクロ的およびミクロ的に整理できる。マクロ的整理は、法が規制対象にどのような内容を求めるか（実体と手続）、および、どのような態様で求めるか（強制と任意）という観点からなされる。ミクロ的整理は、モデル的な環境法を想定して、そこに規定される構成要素（政策手法および政策資源）の法的性質や課題の分析[5]という

1　遠藤博也「計画における整合性と実効性：法制度・行政法学からのアプローチ」同『行政過程論・計画行政法』（信山社出版、2011年）299頁以下・305〜307頁、同「現代型行政と取消訴訟」同『行政救済法』（信山社出版、2011年）5頁以下・5頁参照。
2　大橋洋一『行政法Ⅰ〔第3版〕行政過程論』（有斐閣、2016年）18頁参照。
3　北村喜宣『環境法〔第4版〕』（弘文堂、2017年）4頁参照。
4　基本方針に関しては、小幡雅男「「基本方針」の機能（上）・（下）：個別法で多用されている実態」自治実務セミナー40巻9号32頁以下・10号28頁以下（2001年）参照。
5　政策手法および政策資源という概念については、礒崎初仁『自治体政策法務講義』（第一法規、2012年）74〜75頁参照。

観点からなされる[6]。

2 意思決定へのアプローチ

(1) 実体と手続

　環境法が「求める内容」は、大きく2つに分類される。第1は、「ある結果の実現」であり、それを求めることを実体規制と呼ぶ。実現するための手続については中立的である。「ある結果」は、環境負荷発生者の行為により直接的に実現される場合もあれば間接的に実現される場合もある。第2は、「あるやり方の履行」であり、それを求めることを手続規制と呼ぶ。実体規制とは異なり、手続履行の結果については中立的である。到達点（ゴール）を問題にするのが実体規制であり、過程（ルート）を問題にするのが手続規制である。ひとつの法律のなかには、実体規制および手続規制のいずれも規定されるのが通例である。

　いずれを選択するかは、種々の事情を踏まえた法制度設計者の裁量である。いずれかに法政策的優位があるわけではないが、現行法を踏まえると、次のような傾向が観察できる。すなわち、実体規制を正当化するだけの科学的知見がなかったり社会的な合意が十分に形成されていなかったりする場合、あるいは、環境負荷発生源が多種多様な場合には、手続規制が選択される。

(2) 強制と任意

　環境法が「求める態様」も、大きく2つに分類される。第1は、求める内容を拘束的に実現することであり、強制である。第2は、拘束的には実現しないことであり、任意である。

---

6 本章の記述に関しては、北村・前註（3）書110頁以下、北村喜宣「環境法のアプローチと手法 (1)・(2)」法学教室371号140頁以下・372号141頁以下（2011年）を前提にしている。また、阿部泰隆＋淡路剛久（編）『環境法〔第4版〕』（有斐閣、2011年）51頁以下［阿部泰隆執筆］、大塚直『環境法〔第3版〕』（有斐閣、2010年）77頁以下も参照。

第2部 事業者の意思決定への法的アプローチ

　強制アプローチは、「命令管理」型アプローチ（command-and-control approach）と呼ばれる。拘束力を持たせるためには、次にみる規制手法のうちの強制手法が基本的に用いられる。

　押さえつけてでも従わせようとするのが強制アプローチであるのに対して、ある行動の選択を期待はすれどもその履行確保までは制度化しないのが任意アプローチである。もっとも、現実には、法律のなかである行動が規定される場合、任意ゆえに放任かといえばそうではなく、期待される方向に行動を向かわせようとするための仕組みが設けられることが多い。現実の法制度においては、積極的に任意としたいからそうするのではなく、本来は強制アプローチをとりたいのであるがそれができない事情があるために、いわば「次善の策」として任意アプローチが選択されていることが多い。

(3) 現実の法制度のなかでの組みあわせ

　「実体と手続」「強制と任意」を、東京都の「都民の健康と安全を確保するための環境に関する条例」（東京都環境確保条例）が規定する温室効果ガスの削減を例にして整理をしてみよう。同条例は、国内初の温室効果ガス排出量取引を制度化したとして有名である[7]。

　特定地球温暖化対策事業所の所有事業者等（特定地球温暖化対策事業者）に対して、一定量の削減を義務づけるのは（5条の11）、強制アプローチによる実体規制である。不履行に対しては、刑罰の担保のある措置命令が出される（8条の5、159条1号）。一方、特定地球温暖化対策事業者ほどの規模ではないものの事業活動起因の温室効果ガス排出量が相当程度になる地球温暖化対策事業者に対しては、前年度の温室効果ガス排出量などを記載した地球温暖化対策報告書の作成と提出が義務づけられているが（8条の23）、その不履行に対しては、行政指導である勧告までが規定されるのみである（9条）。こちらは、任意アプローチによる手続規制となっている。

7　環境確保条例の温室効果ガス規制に関しては、小澤英明＋前田憲生＋浅見靖峰＋諸井領児＋柴田陽介＋寺本大輔『東京都の温室ガス規制と排出量取引』（白揚社、2010年）参照。

154

3 規制手法とその概要

　法目的の効果的な実現のために、強制アプローチおよび任意アプローチのもとで、様々な規制手法が規定される。それをいくつかのカテゴリーに分けると、①強制手法、②誘導手法、③合意手法、④事業手法、⑤調整手法、⑥情報収集手法、⑦市民参画手法がある。なお、「規制」という言葉は、「強制」と同義に用いられる場合があるが、本来は、人の意思決定を制御するというほどの広い含意を持つ。本章では、広義に用いる[8]。

　個別法においては、まず目的が規定され、法律が働きかける対象が確定される。そして、規制内容が規定され、その実現のために種々の具体的手法が規定されるのである。以下では、モデル的な環境法をもとにして、それらを解説する。全体像は、［図8.1］の通りである[9]。

[図8.1] 環境法のモデル

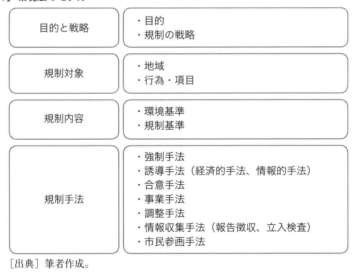

［出典］筆者作成。

8　黒川哲志「環境行政手法の概要と本書の構造」同『環境行政の法理と手法』（成文堂、2004年）1頁以下・2頁も、同様の認識である。
9　北村・前註（3）書123頁以下の内容を、若干簡略にしている。

4 個別環境法の基本構造

(1) 目的と規制戦略

　通常、法律の第1条には、目的が規定される。そのなかで、当該法律が実現すべき目標、取り組む方法、配慮すべき事項、保護法益などが述べられる。法律は、政治的利害調整の産物である。調整結果次第では、目的が明確に規定される場合もあれば、玉虫色に規定される場合もある。

　個別環境法をみると、保護法益に関しては、「国民の健康保護」「生活環境の保全」「公衆衛生の向上」「国民の健康で文化的な生活の確保」などが規定される例が多い。このうち規定内容に具体的な影響を与えるのは、「国民の健康保護」および「生活環境の保全」である。いずれをも規定する法律が多いなかで、たとえば、土壌汚染対策法とダイオキシン類対策特別措置法(ダイオキシン法)は、前者のみを規定している。もちろんこれは、意図的な限定である。生活環境の汚染を通じて健康に影響が現れるというメカニズムを前提にすると、未然防止を旨とする環境法としては、生活環境の汚染をもたらす行為に対応する必要がある。しかしそれは、対応すべき対象が多くなることをも意味する。そこで、両法においては、「確実な対応」という観点から、保護法益を敢えて絞るという選択がされたのである。

　規制の戦略を明らかにする目的規定として有名なのは、いわゆる「調和条項」である。「調和」というときの天秤の両側に載せられたのは、当初は、「第1次産業」と「第2次産業」(例：1958年12月制定の「水質の保全に関する法律」(水質保全法))であり、その後は、「生活環境の保全」と「経済の健全な発展」(例：1970年5月改正の水質保全法)である。要するに、高度経済成長時代において経済発展を牽引する第2次産業を天秤の片方の皿に載せ、それと釣り合う範囲でもう一方の皿に規制の強化という分銅を載せていくというようなイメージを持てばよい。結果的に、「無理のない規制」が制度化され、対応が後手に回り、公害被害の深刻化に拍車をかけたのであった。

　個別環境法に規定されていた調和条項は、1970年12月のいわゆる「公害

国会」における法律改正で全廃された。しかし、規制にあたっての「財産権尊重条項」が残存している点に留意が必要である（例：自然環境保全法3条、自然公園法4条、「絶滅のおそれのある野生動植物の種の保存に関する法律」（希少種保存法）3条）。比例原則からすれば当然の内容であり、明文規定を設ける法的意味はないが、規定が存在することにより権限行使に抑制的になる牽制球的効果がある。2008年制定の生物多様性基本法には、こうした規定はみられない。これは、積極的な意味を持っている。基幹法においてこのような認識が示されたのであるから、現存するこれらの規定は、削除されてしかるべきである。

(2) 規制対象

(a) 地　域

　環境法の制度設計にあたっては、まず、どの地域の環境を保全するのかを決定する必要がある。これがないかぎり、全国が規制対象地域となる。

　自然環境保全法や自然公園法は、そもそも制度として一定地域をゾーニングして、当該地域の環境保全をしている。騒音規制法は、都道府県知事によって指定された指定地域に立地する特定施設に規制基準の遵守を義務づける（3～5条）。人間の生活に影響のある地域が指定されることになるが、生物の多様性保全という観点からは、人間居住のみを基準にするのは適切さを欠くかもしれない。

　現在では、全国どこにおいても、廃棄物の不法投棄は、「廃棄物の処理及び清掃に関する法律」（廃棄物処理法）のもとで直罰制により処罰される（16条、25条1項14号）。ところが、1970年の制定当時は、一般廃棄物に関しては、一定区域内における不法投棄のみが処罰対象であった。具体的には、奥深い山のなかに捨てても犯罪にはならなかったのである。水質規制については、制定時の水質保全法は、その適用区域を、「公共用水域のうち、当該水域の水質の汚濁が原因となって関係産業に看過し難い影響が生じているもの又はそれらのおそれのあるもの」（5条1項）としていた。現在の水質汚濁防止法は、こうした指定水域制を採用せず、たんに「公共用水域」とするのみであ

第2部 事業者の意思決定への法的アプローチ

る。全国が対象となる。

(b) 行　為

　環境法においては、種々の行為が規制の対象となる。これには、規模を問わない場合と一定規模未満を排除する場合とがある。後者の措置は、「スソ切り」と呼ばれる。環境負荷発生にかかる施設の規模により決定されるのが通例である。

　大気汚染防止法を例にすると、規制対象となるばい煙発生施設は、同法施行令に規定されているところ、ボイラーについては、「環境省令で定めるところにより算定した伝熱面積……が10平方メートル以上であるか、又はバーナーの燃料の燃焼能力が重油換算1時間当たり50リットル以上」とされている（2条、別表第一「一」）。これは、従業員数人を雇うクリーニング工場あるいは3～4階建てのビルのボイラー程度であり、かなり小さい規模までが規制対象にされている。

　一方、悪臭防止法は、規制地域内の規制をするが、対象はたんに「事業場」とだけされ、規制基準の遵守が求められている（3～7条）。この理由は、悪臭原因物を発生させる施設をカテゴリー化して特定することが困難だからである。規制対象施設の範囲に曖昧さが残るがゆえに、規制基準違反は直罰制にはされていない。

(c) 項　目

　事業活動によって環境中に排出される負荷を規制する場合には、規制対象となる項目が指定される。物質の指定もあれば、「汚染状態」という指定もある。たとえば、水質汚濁防止法のもとでは、「人の健康に被害を及ぼすおそれのある物質」（健康項目）として、カドミウムやシアンなどが施行令で指定されている（施行令2条）。一方、そのほかに「水の汚染状態」（生活環境項目）として、水素イオン濃度（pH）なども施行令で指定されている（施行令3条1項）。

158

(d) 決定にあたっての考慮事項

規制対象とする地域、行為、項目を決定する際の考慮事項としては、①規制対象行為から生ずる環境影響、②行政リソース、③実現可能性がある。

環境影響が大きい場合には、指定地域制ではなく日本全国、あるいは、一定規模以上の事業者だけでなくすべて、というように、より広範囲が規制対象に取り込まれる。前述のように水質汚濁防止法の規制は、全国の公共用水域に及んでいる。健康項目の規制は、特定施設を有する特定事業場の規模を問わない。しかし、生活環境項目の規制は、一日の平均排水量が50㎥以上の特定事業場に限られている。

先にみたように、土壌汚染対策法が「国民の健康保護」のみを保護法益としたのは、行政リソースをそれに集中して、確実な成果をあげることを期待したからであった。これは、実現可能性についての配慮でもある。「国民の健康保護」という目的が実現できれば、その次のステップとして、「生活環境の保全」をも射程に入れた規制システムをつくることが予定されてはいる。

(3) 規制内容

(a) 環境基準

個別の法律がどのような状態を実現したいと考えているかを表現する方法は、いくつかある。本章では、環境基準と規制基準についてみておこう。

環境基本法16条1項は、「政府は、大気の汚染、水質の汚濁、土壌の汚染及び騒音に係る環境上の条件について、それぞれ、人の健康を保護し、及び生活環境を保全する上で維持されることが望ましい基準を定めるものとする。」と規定する（下線筆者）。「公害」には、上記4つの事象に加えて振動、地盤沈下、悪臭があるが、これらについては、十分な科学的知見がないことを理由に対象外となっている。環境基本法に根拠を持つ環境基準を踏まえて、個別法において、次にみる規制基準値が決定される[10]。

---

10 この点で、個別法のなかで環境基準と規制基準が規定されるダイオキシン法は例外的である。これは、同法が、議員立法であったことが大きく影響している。化学物質対策法制研究会『知っておきたいダイオキシン法』（大蔵省印刷局、2000年）参照。

第2部 事業者の意思決定への法的アプローチ

　下線部の規定ぶりのゆえに、環境基準には、法的拘束力がないとされている。二酸化窒素の環境基準を緩和する改定告示の取消しが求められた事件において、裁判所は、処分性を否定した（東京高判昭和62年12月24日判タ668号140頁、環境法判例百選［第2版］10事件）。大気汚染防止法のもとでの排出基準値や総量規制基準値との法的連動関係がないことが理由とされている。

　もっとも、環境基準が常にそうした性質を持つというわけではない。環境基準は、基準値とそれが利用される制度とを分けて理解するのが適切である。たとえば、廃棄物処理法は、一般廃棄物および産業廃棄物の焼却施設を許可制にするが、その基準のひとつとして、「施設の過度の集中により大気環境基準の確保が困難となると認めるとき」（8条の2第2項、15条の2第2項）がある。この場合、環境基準が達成されていない地域においては、申請は不許可になるのであり、法的拘束力を有する制度のなかで使われている。

　環境基準は、環境状態に関する基準である。しかも、下線部にあるように、維持が「望ましい」ものである。誰かに遵守が義務づけられる性質のものではない。したがって、「環境基準の違反」を観念することはできない。

(b) 規制基準

　目標を実現するために個別の環境負荷発生者に対して適用される基準として、排出基準と許可基準をみておこう。

　環境負荷物質の事業場外部への排出を規制するのが、排出基準である。水質汚濁防止法や大気汚染防止法などに規定される伝統的な手法である。環境法は、事業場からの外部環境への影響を制御しようとする。それゆえ、基本的に、排出基準は、敷地境界線においての遵守が問題になる。ところが、大気汚染防止法のばい煙規制制度では、施設の排出口における遵守が求められる（13条1項）。本来、事業場をドームで覆ってその上に出た煙突からの排気を規制すればよいのであるが、それが技術的に困難なために、いわば「次善の策」として施設排出口（開口部）での規制をしているのである。濃度規制である排出基準の限界に対応する総量規制基準、施設の使用・管理の方法を規定する施設基準も、環境負荷物質の排出を規制する基準である。

160

許可は、一般的に禁止されている行為の禁止を、個別申請を踏まえて解除する処分である。許可基準は、行為の規制に直接に関係している。基準が緩やかであれば、環境負荷発生行動を十分に制御できない。環境法においては、許可基準は、法律実施を通じて認識される問題点に対応する形で、改正によって厳格化されていることが多い。廃棄物処理法の業許可基準は、その典型例である。

(4) 規制手法

(a) 強制手法

　一定の行為を法的に義務づけるのが、強制手法である。その内容としては、「……しなければならない」という作為義務と、「……してはならない」という不作為義務がある。義務づけがポイントである[11]。

　義務違反に対して何の対応もしなければ、あるいは、勧告のような行政指導だけを規定するのであれば、義務づけていても結果的に「訓示規定」となり、任意アプローチと整理される。これに対して、強制手法と観念する場合には、義務違反に対する対応が規定される。この対応には、行政法的対応と刑事法的対応がある。

　行政法的対応としては、改善命令や許可取消しのような不利益処分が典型的である。刑事法的対応は、規制基準の違反の行為や無許可行為に対して直接に刑事責任を問う直罰制である。また、改善命令違反に対しても、刑罰が規定されることが通例である。命令前置制である。制度全体として、義務づけ内容の履行を強制するのである。

(b) 誘導手法

(ア) 誘導のための2つの方法

　強制手法が、サンクションを背景に、いわば力づくにより義務履行を実現しようとするのに対して、あくまでも環境負荷発生者の自主的な判断の結果とし

11　桑原勇進「規制的手法とその限界」新美育文＋松村弓彦＋大塚直（編）『環境法大系』（商事法務、2012年）237頁以下参照。

第2部│事業者の意思決定への法的アプローチ

て、法律が求める行動の実現を期待するのが誘導手法である。これには、経済的インセンティブを用いる経済手法、および、情報を用いる情報手法がある。

（イ）経済手法

経済手法には、行為者に対して、①インセンティブを与えるもの、②ディスインセンティブを与えるものがある。①は、それを獲得するために積極的に行為をする（＝何かをする）ことを予定するものであり、代表例としては、補助金や税制優遇措置がある。②は、それを回避するために消極的に行為する（＝何かをしない）ことを予定するものであり、代表例としては、税や課徴金がある。なお、インセンティブやディスインセンティブについては、経済的なもの以外に、社会的なものや道徳的なものもある。

環境基本法においては、①については22条1項が、②については22条2項が、それぞれ規定を設けている。1項に比べると、2項の複雑さが顕著である[12]。

■22条1項 国は、環境への負荷を生じさせる活動又は生じさせる原因となる活動（以下この条において「負荷活動」という。）を行う者がその負荷活動に係る環境への負荷の低減のための施設の整備その他の適切な措置をとることを助長することにより環境の保全上の支障を防止するため、その負荷活動を行う者にその者の経済的な状況等を勘案しつつ必要かつ適正な経済的な助成を行うために必要な措置を講ずるように努めるものとする。

■22条2項 国は、負荷活動を行う者に対し適正かつ公平な経済的な負担を課すことによりその者が自らその負荷活動に係る環境への負荷の低減に努めることとなるように誘導することを目的とする施策が、環境の保全上の支障を防止するための有効性を期待され、国際的にも推奨されていることにかんがみ、その施策に関し、これに係る措置を講じた場合における環境の保全上の支障の防止に係る効果、我が国の経済に与える影響等を適切に調査し及び研究するとともに、その措置を講ずる必要がある場合には、そ

---

12 大塚・前註（6）書90頁以下、片山直子「経済的手法とその限界」新美ほか編・前註（11）書285頁以下参照。

> の措置に係る施策を活用して環境の保全上の支障を防止することについて
> 国民の理解と協力を得るように努めるものとする。この場合において、そ
> の措置が地球環境保全のための施策に係るものであるときは、その効果が
> 適切に確保されるようにするため、国際的な連携に配慮するものとする。

　日本の環境法政策においては、伝統的に、行為者に対して受益的効果を持つ①が用いられてきた。これは、受益的であるがゆえに、財政面での問題はあるにしても、政治的には導入コストが低くなる。これに対して、②に関しては、環境基本法22条2項の条文に明らかなように、導入にきわめて慎重な姿勢がみてとれる。同法が制定された1993年当時においての、多くの官庁的利害関係の「呉越同舟」「同床異夢」の結果である。「霞ヶ関文学の粋」と皮肉られるように、理解が困難で国民を無視した文章である。

　モデル的に整理すると、補助金や税制優遇措置の場合には、それを与える決定が、行政と事業者の間で個別的になされる。この関係は垂直的であり、行政は事業者に対して、強い影響力を行使できる。これに対して、税や課徴金の場合には、行動の決定は、基本的に事業者に委ねられ、戦略的判断がされる。他者との間で競争が発生するのであり、それがさらに環境負荷を発生させない行動を導くことになる。事業者に対する行政の関与は、かなり低くなる。

　いずれも経済手法であるが、以上のような特質を踏まえれば、①は「非市場的な経済手法」、②は「市場的な経済手法」ということができる。国際的に、日本の環境法政策は、①を重視し②を軽視していると評され、その是正が勧告されている[13]。①は政治的に導入が容易である。一方、②となると、少なくとも短期的には直接に影響を受ける産業界の反発のほか、所管産業界に対する影響力低下が不可避になることに対する経済官庁の反発もあろう。これは、内閣の分担管理原則のもとで運営されている国の法政策ゆえであるのかもしれない。規制対象者の構造の違いもあるが、東京都知事の強い影響力のもとで、二酸化炭素の削減義務づけ、および、その実現方法のひとつとして

13　OECD編『第3次OECDレポート：日本の環境政策』（中央法規、2011年）5頁参照。

第2部 事業者の意思決定への法的アプローチ

の排出量取引のいずれもが実現した環境確保条例にもとづく自治体法政策との比較で考えると、明らかであろう。

　もっとも、最近では、租税特別措置法2011年改正により導入された「地球温暖化対策のための税」（90条の3の2）にみられるように、変化の兆しもみられる。②については、効果実現に関して不確実性があることから消極的な評価がある。しかし、競争状態の創出がもたらす技術革新効果に期待するのは合理性がある。

（ウ）情報手法

　経済手法が「金にモノを言わせる」仕組みであるとすれば、情報手法は「世間体にモノを言わせる」仕組みである。環境負荷発生者に「名誉、不名誉」を意識させることにより、法律が望ましいと考える方向に意思決定をさせようとする。行政が保有する情報を、公表などを通じて市場に提供することにより、市場がその情報に反応して事業者の経済活動に影響を与えることを予定する[14]。提供される情報には、「地球温暖化対策の推進に関する法律」（温暖化対策法）のもとでの温室効果ガス算定排出量のように価値中立的なものもあれば（26 〜 34条）、「食品循環資源の再生利用等の促進に関する法律」（食品リサイクル法）のもとでの判断基準履行勧告不服従の際の不服従事実の公表制度のように非難の意味を込めたものもある（10条）。

　なお、後者のような制裁的公表は、勧告という行政指導の履行確保を目的として規定される場合がある。不利益処分や刑罰を課（科）せないがゆえに規定されるのであろうが、これは、行政手続法32条2項が禁止する「不利益な取扱い」であり、法治主義に反して違法である。

　情報提供者が事業者の場合もある。廃棄物処理法は、廃棄物処理施設の操業記録に関して、これを利害関係者の求めに応じて閲覧させることを施設設置者に義務づけている（8条の4、15条の2の4）。インターネットによる公表も義務づけられている（8条の3第2項、15条の2の3第2項）。「環境情報の提

14　大塚・前註（6）書104頁以下参照。

供の促進等による特定事業者の環境に配慮した事業活動の促進に関する法律」（環境配慮促進法）が特定事業者に義務づける環境報告書の公表や（9条）、環境影響評価法が事業者に求める準備書や評価書の公表も（7条、16条）、情報手法の例である。

（c）合意手法

　環境法のもとでは、一般に、事業者は、法律が一方的に決定した内容の履行をただ求められる存在である。しかし、法目的実現の観点からは、そうした位置づけのみを与えるのが適切というわけでは必ずしもない。一律規制の硬直性を是正すべく、行政と事業者とが交渉をして合意をした内容にもとづき、事業者が行動するという合意手法も、現実には活用されている[15]。個別法がそれを予定し規定を設けるものと、特段の根拠のないものとがある。前者としては、自然公園法のもとでの風景地保護協定（43～48条）、都市緑地法のもとでの緑地協定（45～54条）がある。後者としては、公害防止協定・環境保全協定がある。

　環境法において注目されるのは、法定外の公害防止協定・環境保全協定である[16]。自治体行政と事業者の間で締結されるものが一般的である。1950年代から利用されており、長い歴史を持つ。環境法的論点としては、協定の法的性質論がある。拘束力を認めるか否かが問題となり、否定説としての紳士協定説と肯定説としての契約説がある。

　紳士協定説によれば、事業活動に対する法的制約は、法治主義にもとづけば、議会の議決にかかる法律または条例によってのみ可能であり、合意を根拠に規制強化を認めるのは国民の自由への脅威となるとする。これに対して、契約説によれば、強行法規に違反せず公序良俗に反しないかぎり、事業者が

15　島村健「合意形成手法とその限界」新美ほか編・前註（11）書307頁以下参照。

16　協定に関しては、大塚・前註（6）書84頁以下、北村・前註（3）書162頁以下、北村喜宣『自治体環境行政法〔第7版〕』（第一法規、2015年）58頁以下、野澤正充「公害防止協定の私法的効力」大塚直＋北村喜宣（編）『環境法学の挑戦』［淡路剛久教授・阿部泰隆教授還暦記念］（日本評論社、2002年）129頁以下参照。

165

第2部 | 事業者の意思決定への法的アプローチ

その自由な意思表示により事業活動へのより大きな負担を積極的に負うことを否定する理由はないとして、一般的に拘束力を認める。拘束力が認められるかぎりにおいて、民事訴訟を通じて義務履行を求めることができる。現在では、基本的に、契約説によりつつも、協定に規定される条文を個別に判断して拘束力の有無や程度を決すべきという立場が通説・判例となっている（最2小判平成21年7月10日判時2058号53頁、環境法判例百選［第2版］68事件）。

（d）事業手法

環境法の基本的考え方である汚染者支払原則（Polluter-Pays-Principle）の被害補塡・原状回復の局面での理解によれば、汚染・破壊された環境の復元は、原因者の負担でされるべきとなる。ところが、原状回復命令などの不利益処分手続にはそれなりの時間を要するために、汚染の拡大や健康リスクの増大の観点からは、迅速な対応が求められる場合がある。そこで、一定の場合には、とりあえず税金を用いて行政が望ましい状態の実現を行うことがある。ダイオキシン法のもとでは、ダイオキシン類による市街地土壌汚染の除去は、都道府県が実施する（3条2項、31条）。「農用地の土壌の汚染防止等に関する法律」（土壌汚染防止法）のもとでは、カドミウムなどに汚染された農用地について、都道府県が汚染対策事業を実施するとされる（5条）。いずれの場合も、原因者に対しては、公害防止事業費事業者負担法にもとづく費用請求がされる（2条2項3号）。しかし、回収できなければそれまでであるし、支払可能な範囲で事業をするというわけではない。

事業には費用が必要になる。それを基金として造成するのが、廃棄物処理法のもとでの不法投棄原状回復制度である。原状回復命令の義務者が措置を講じないとき、過失なく名宛人を確知できないとき、命令を出す時間的余裕がないときには、都道府県知事は自ら原状回復措置を実施できる（19条の8）。その費用は、適正処理推進センターに造成された基金から支出される（13条の15、「特定産業廃棄物等に起因する支障の除去等に関する特別措置法」（特定産廃特措法）5条）。

第8章 環境法規制の仕組み

(e) 調整手法

調整手法は、環境法実施にあたって発生するコストやベネフィットを調整するためのものである。金銭的な調整が中心である。

第1に、損失補償をあげておこう。日本国憲法29条3項は、「私有財産は、正当な補償の下に、これを公共のために用ひることができる。」と規定する。それを具体化した規定が、盛り込まれる場合がある。代表的なものは、不許可補償である。たとえば、自然公園法64条および77条は、指定された自然公園区域内において行為許可申請をした場合になされた不許可処分により発生する「通常生ずべき損失」を補償すると規定する。もっとも、補償事例はない。訴訟にまで至った事件においては、許可申請内容が、自然公園における環境を公園設置の趣旨を没却するほどまでに変容させるものであった（例：東京高判昭和63年4月20日行集39巻3・4号281頁、環境法判例百選［第2版］79事件、東京地判平成2年9月18日行集41巻9号1471頁）[17]。それほどまでではない利用の場合には、何とか許可基準をクリアするように行政指導がされそれを受け入れた申請内容となるために、現実には不許可にはならないようである[18]。

第2は、受益者負担・原因者負担である。環境基本法38条は、受益者負担を法政策の基本とすることを明記する。具体的な規定としては、自然環境保全法38条や自然公園法58条がある。中央政府や自治体が公園事業の一環として、国立公園や国定公園において道路を整備した結果、特定の民間宿泊施設の経営に著しい利益を生じさせたような場合、その限度において、道路整備費用を一部負担させることが予定されている。これは、「予期せぬ受益」が特定私人に帰属した場合であるが、これとは逆に、特定私人の行為によって「予期せぬ負担」が中央政府や自治体に与えられた場合の調整として、原因者負担という方針にもとづく制度が規定されることがある。環境基本法

---

17 桑原勇進「自然環境の保全」大塚直＋北村喜宣（編）『環境法ケースブック〔第2版〕』（有斐閣、2009年）249頁以下・260 ～ 264頁参照。

18 阿部ほか編・前註（6）書394頁［加藤峰夫執筆］は、「実際には地域の指定に際して、その土地所有者等と行政との間の話し合いによって解決されてきたためであるともいわれる」と説明する。

167

37条が一般的に規定する。個別法については、自然環境保全法37条や自然公園法59条に例がある。

第3は、犯罪収益没収である。環境法違反の動機は経済的なものであることが多いため、それによる利益を剥奪する制度を設けることが合理的である。「組織的な犯罪の処罰及び犯罪収益の規制等に関する法律」(組織犯罪処罰法)が、廃棄物処理法違反をはじめいくつかの環境法違反を対象にしている。なお、組織犯罪処罰法の手続は、刑事的なものであるところ、課徴金のような行政法的手法によって違法収益を剥奪する制度を設けるべきという主張は強くある。環境汚染それ自体のコストをそうした形で支払わせるべきという主張も強い[19]。

(f) 情報収集手法

(ア) 報告徴収

規制が的確に履行されているかどうかを行政が確認するためには、正確な情報の収集が不可欠である。そこで、環境法は、実施にあたる行政に対して、関係者に必要な報告を求める権限を与えている。実際には、行政指導により情報提供が求められているが、制度的には、刑罰による間接強制を背景に、報告命令を出すことも可能である(例:水質汚濁防止法22条1項、33条4号)。報告内容は問題ではないから、強制アプローチによる手続規制ともいえる。

ダイオキシン法28条のように、法律が直接に、事業者に対して、行政への情報提出を命じる場合もある。廃棄物処理法12条の3第7項は、産業廃棄物管理票(マニフェスト)に関する報告書の行政への提出を、交付者に義務づける。

(イ) 立入検査

規制基準の遵守状況を的確に把握するには、事業場に立ち入って関係施設を検査し、場合によっては、サンプルを採取する必要がある。そのために、

---

19 政策手法としての課徴金に関しては、阿部泰隆『行政の法システム(上)〔新版〕』(有斐閣、1997年)291頁以下参照。

第8章 環境法規制の仕組み

法律のなかで、行政に立入検査権限が与えられるのが通例である。

立入検査にあたっては、操業記録がチェックされることもある。記録自体は、水質汚濁防止法や大気汚染防止法により義務づけられているが、その虚偽記載に対しては罰則が規定されていなかった。これは、基準違反の排出行為が直罰制であることから、事業者は正確に記録するはずであるという性善説にもとづく法政策であった。ところが、大企業による記録改竄事件が相次いで露見したため、両法の2010年改正によって、虚偽記録は直罰化された（水質14条1項・2項・5項・33条3号、大気16条・35条3号）。

(g) 市民参画手法

伝統的な行政法システムにおいては、行政と事業者との2極関係が前提とされる。行政による法律の的確な実施や事業者による法律の的確な遵守によって良好な環境が実現されるとしても、それは市民にとっては反射的利益にすぎないとされていた。しかし、最近では、そうした古典的な理解ではなく、環境行政の目標は「環境公益の実現」であるとして、市民はその形成に大きく関与するとともに、実現を行政に信託するだけではなくそれに参画することについて大きな利害関係を有していると整理されるようになっている[20]。

もっとも、それは法的利益であるとしても抽象的なものにとどまっており、個別法の規定をもってはじめて実現すると考えられる。先にみた廃棄物処理法のもとでの操業記録閲覧請求制度はその例といえるし、ダイオキシン法のもとでの総量規制地域の指定を環境大臣に対して都道府県知事が申し出るよう住民が求める制度もその例である（10条6項）。これらは、権利利益防衛参画という性格を持っている。

5 環境法の実施主体としての中央政府と地方政府

個別環境法の目的実現のため、立法者は、行政に権限を与え、その的確な

---

20 北村・前註（3）書48頁以下参照。

第2部 | 事業者の意思決定への法的アプローチ

実施を命じている。連邦制をとらない日本において、国の機関である国会は、国の事務はもとより、自治体の事務を創出することもできる。国の事務は中央政府が、自治体の事務は地方政府が、それぞれこれを担当する。中央政府のみを実施者とするものもあるが（例：「特定有害廃棄物等の輸出入等の規制に関する法律」（バーゼル法）、「特定外来生物による生態系等に係る被害の防止に関する法律」（特定外来生物法））、多くの環境法は、中央政府と地方政府の両者を規定している。

　この両者の役割をいかに適切に制度化して、法目的の実現を図るかが、現在の環境法の大きな課題である。とりわけ分権改革の以前に制定された法律は、自治体の事務に関しても、国が法律や政省令などを通じて、多くを「決めすぎている」状態にある。私たちは、こうした法状態に慣れきってはいるけれども、将来的には、国と自治体の適切な役割分担の枠組みのもと、国がより「引いた」なかで、現在世代が享受でき、そして、将来世代に継承できる良好な環境を実現できる仕組みをつくることを考える必要がある[21]。

21　北村喜宣「地方分権推進と環境法」同『分権政策法務の実践』（有斐閣、2018年）230頁以下、斎藤誠「地方分権と環境法のあり方：アクターの役割分担と協働」同『現代地方自治の法的基層』（有斐閣、2011年）418頁以下参照。

Part 2

第9章

環境行政組織
——対等な統治主体同士の
適切な役割分担の検討

〔要旨〕

　分権時代における環境法は、国と自治体の適切な役割分担にもとづいて実施される。ところが、個別法は、機関委任事務時代に制定されたものが多く、そこでは、両者の関係を上下主従とみる整理が制度化されている。「詳しく決めすぎ状態」を改革すべく作業はされているが、芳しい成果はあがっていない。自治体は開発志向が強いと国が考えるがゆえに役割を重くすることに消極的ならば、訴訟によりチェックできる司法制度を整備すればよい。自治体決定余地を大きくする法改革が求められる。

第2部 | 事業者の意思決定への法的アプローチ

1 現代環境行政の法的枠組みと本章の目的

　現代環境法の目的は、「持続可能な発展および環境公益の実現」である[1]。その法的枠組みの基本をなすのは、日本国憲法である[2]。

　憲法は、国家における統治主体として、「国と自治体」を措定している。この両者の関係に関して、異なる役割分担を踏まえつつも対等協力の関係にあるべきことが、2000年に断行された第1次分権改革によって確認された[3]。

　しかし、そこに至る長い時間のなかで、両者の関係を歪めるような仕組みや発想が、社会のなかに固定化されている。法令もその例外ではない。「あるべき姿」とはとてもいえない内容が、改正を受けることなく存置されている。改革は進められているけれども、十分な成果があがっているとはいいがたい不十分な成果をもって、「目指すべき状態」という誤った認識が定着する懸念もある。法令改革は未完のままである[4]。

　本章では、環境基本法が制定された1993年以降の法環境の変化を踏まえ、今後の環境法政策の展開における国と自治体の役割のあり方を検討する（都道府県と市町村の区別には触れない）。まず、筆者が考える環境行政の法体系を提示し、それを踏まえて、個別的論点をいくつか提供する[5]。

1　北村喜宣『環境法〔第4版〕』（弘文堂、2017年）48頁参照。
2　憲法のもとで環境法をどのように位置づけるかは、大きな理論的課題である。ひとつの取組みとして、桑原勇進『環境法の基礎理論：国家の環境保全義務』（有斐閣、2013年）参照。
3　西尾勝『地方分権改革』（東京大学出版会、2007年）参照。
4　北村喜宣「2つの一括法による作業の意義と今後の方向性：「条例制定権の拡大」の観点から」同『分権改革法務の実践』（有斐閣、2018年）142頁以下参照。第1次分権改革の中心人物であった西尾勝は、「決して止まっているわけではなく、ちょこちょこと進んでいるのですけれども、だんだんとチマチマしてきた感じがあります。」と評している。同「〔インタビュー〕自治・分権・憲法［後篇］」都市問題108巻6号（2017年）47頁以下・51頁。
5　北村喜宣『分権政策法務と環境・景観行政』（日本評論社、2008年）92頁以下も参照。大久保規子「環境法における国と自治体の役割分担」高橋信隆＋亘理格＋北村喜宣（編）『環境保全の法と理論』（北海道大学出版会、2014年）103頁以下は、同様の視点から論じている。

172

2 国と自治体の適切な役割分担

（1）基本的人権保障の仕組み

憲法は、基本的人権の保障を、国と自治体の協力（場合によっては、片方のみ）を通じて実現することを命じている。憲法第3章に規定される「国民」とは、文字通りの国民（狭義の国民）である場合もあれば、自治体の住民である場合もある[6]。「市民＝国民＋住民」と理解するのが適切である。

国会は、法律を通じて「国の事務」のみを創出し、その実施を中央政府にのみ委ねることもできる。国の直接執行事務である。これに対し、国会は、法律によって「国の事務」のほかに「自治体の事務」をも創出し、行政による両方の的確な実施を通して、基本的人権の保障を予定することもできる。そのほかに、自治体は、法律は制定されていないけれども法的対応が必要と考えれば、条例によって「自治体の事務」を創出し、自ら実施することもできる。

何を国の事務とすべきか、何を自治体の事務とすべきかについては、明確な基準はない。自治体についてみれば、第1次分権改革のなかで改正された地方自治法1条の2第2項が、国の役割のあり方として、わずかに「住民に身近な行政はできる限り地方公共団体に委ねる」「地方公共団体に関する制度の策定及び施策の実施に当たって、地方公共団体の自主性及び自立性が十分に発揮されるように〔する〕」と規定するのみである。それを通じて、国は、「地方公共団体との間で適切に役割を分担する」ことが明記された。この基本的認識を踏まえて、同法2条11項・13項が立法原則を、同条12項が解釈・運用原則を規定している。これらは、憲法92条の具体化と解されている[7]。国と自治体は、市民の基本的人権の保障に関して、「気候変動に関する国際連合枠組み条約」（1992年）の規定ぶりを借りるならば、「共通だが差異ある

6 　北村喜宣「法律改革と自治体」同・前註（4）書2頁以下参照。

7 　磯部力「国と自治体の新たな役割分担の原則」西尾勝（編著）『地方分権と地方自治』（ぎょうせい、1999年）75頁以下・88〜89頁、北村喜宣「新地方自治法施行以後の条例論・試論」同『分権改革と条例』（弘文堂、1994年）50頁以下・60頁参照。

173

責任」を負っている。

(2) 環境行政の法体系

　環境行政法体系の説明は、ともすれば国法を中心にされがちである。しかし、それだけでは正確ではない。現在の状況を描写すれば、[図表9.1]のようになる。国と自治体が、適切な役割分担をしつつ、それぞれの事務を的確に実施することを通じて、環境法の目標である「持続可能な発展および環境公益の実現」が図られるのである。

　[図表9.1]で説明しよう。国のレベルでは、環境基本法や土地基本法などの環境基幹法がある。その基本理念を踏まえて、個別環境法が制定される。個別法には、国の事務のみを規定するものもあれば（❶）、それに加えて自治体の事務を規定するものもある（❷）。

　一方、自治体の環境政策の基本は、基幹条例である環境基本条例が規定する。そのもとで条例が制定されるが、これには2種類がある。第1は、法律により自治体の事務とされたもの（法定自治体事務）に関して、地域特性に適合した実施ができるように制定される法律実施条例である（❸）。第2は、

[図表9.1] 環境行政の法体系

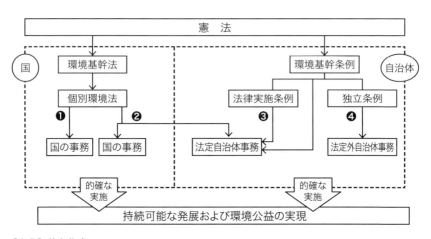

[出典] 筆者作成。

法律の未規制事項に関して制定される独立条例である（**❹**）。いずれの条例も、制定の根拠は憲法94条にある。

憲法94条が明記するように、条例は「法律の範囲内」でしか制定できないが、その法律は、憲法92条が明記する「地方自治の本旨」に適合的でなければ違憲無効である[8]。そうなのであるから、第1次分権改革以前の機関委任事務時代に国と自治体が「上下主従の関係」にあることを当然の前提として制定されている現行法の構造や規定ぶりを所与としてはならない。

機関委任事務という国の事務を自治体行政庁という大臣の下級行政機関に義務づけた法律は、①全国画一的、②内容詳細的、③決定独占的という特徴を持っている。全国どこにおいても等質のサービス提供を実施しなければならなかったから、こうした特徴は、いわば必然であった。これを額面通りに受け止めれば、たしかに法定自治体事務に関して自治体が条例対応できる余地は少ないようにみえる。明文規定がないにもかかわらず、法令が決定している内容を条例で修正するのは、憲法41条に反するようにみえる。中央政府はそのように解釈しているがゆえに、いわゆる条例による法令上書きに対して否定的である[9]。しかし、そのような解釈は、第8章を設けて92条を規定した憲法の趣旨に反している。

この点に関しては、「法令による規律に、条例および条例に基づく自治体の作為・不作為が表見的には抵触する場合であっても、それが違法となるのは、当該法令が、地方自治の本旨、およびそれを具現化した二条諸規定に対して、

8　大橋洋一『行政法Ⅰ〔第3版〕現代行政過程論』（有斐閣、2016年）70頁、北村喜宣『自治体環境行政法〔第7版〕』（第一法規、2015年）31～32頁以下参照。

9　例として、国会答弁をあげておこう。「いわゆる条例による法律の上書きを可能にするということにつきましては、国会を国の唯一の立法機関であるというふうに規定しております憲法第41〔原文漢数字〕条の規定、それから、地方公共団体は法律の範囲内で条例を制定することができるということを規定しております憲法第94〔同前〕条の規定との関係で議論すべき問題点があるというふうに承知しておるところでございます。」第179回国会衆議院東日本大震災復興特別委員会議録8号（2011年11月24日）11頁〔梶田信一郎・内閣法制局長官答弁〕。憲法92条が出てこないことが象徴的である。最近の分権改革作業における憲法92条の扱いについては、北村喜宣「信頼の証？：消えてしまった憲法92条」自治実務セミナー52巻8号（2013年）71頁参照。

正当化される場合に限定される。」[10]という指摘がある。筆者も同感である。

　なお、地方自治法1条の2第2項は、「全国的に統一して定めることが望ましい国民の諸活動」「全国的な規模で若しくは全国的な視点に立って行わなければならない施策及び事業の実施」を国の役割とする。それをしないのは国の責任放棄であるし、それを簒奪したりその実施を妨害したりするのは自治体の越権である。地方自治法2条1項の事務に関して、「国が何でもできるわけではない」のと同様、「自治体が何でもできるわけではない」のは当然である。

3 「みんなのもの」である環境に関する決定のあり方

(1) 市民参画が必要な理由

　環境法においては、他の法分野における以上に、市民参画の必要性が強調される。その理由を考えるにあたって参考になるのは、次の2判決である。第1に、伊達火力発電所事件札幌地裁判決（札幌地判昭和55年10月14日判タ428号145頁）は、「人の社会活動と環境保全の均衡点をどこに求めるか、環境汚染ないし破壊をいかにして阻止するかという環境管理の問題は、すぐれて、民主主義の機構を通して決定されるべき」とする。第2に、国立市大学通りマンション事件最高裁判決（最1小判平成18年3月30日民集60巻3号948頁）は、「景観保護とこれに伴う財産権等の規制は、第一次的には、民主的手続により定められた行政法規や当該地域の条例等によってなされることが予定されている」とする。

　これら判示を踏まえれば、次のように整理できるのではないだろうか。環境は「みんなのもの」ではあるが、どのような状態を保持すべきなのかは、基本的には「好みの問題」である。当事者主義の裁判によっては決まらない。リオ宣言第10原則第1文の表現[11]を参考にしていえば、「環境問題は、関心

10　斎藤誠「地方分権と環境法のあり方：アクターの役割分担と協働」同『現代地方自治の法的基層』（有斐閣、2011年）418頁以下・426頁。大橋・前註（8）書70頁も参照。

11　リオ宣言第10原則第1文「環境問題は、それぞれのレベルで、関心のある全ての市民が参加することにより最も適切に扱われる」。

のあるすべての市民が参加することによってしか、適切に扱われえない」の
である。

(2) 2つのモデル的場面

　環境に関しては、理論的には、①「生命・健康に直接に影響する生活環境」、
②「生命・健康に直接には影響しない生活環境」を区別すべきことを指摘し
ておきたい。環境基本法2条3項の用語法でいえば、「人の健康」と「生活環境」
である。②に関しては、たしかに上記2判決のような認識が妥当する。しかし、
①の内容については、「好みの問題」ではなく、決定の民主性がある程度犠
牲にされても、学問的・専門的知見を踏まえて判断されるべきものである。
　②の内容については、立法およびそのもとでの行政過程において決定され
ることになる。この過程においては、国と自治体の適切な役割分担が法制度
化されるべきである。先に引用した地方自治法1条の2第2項は、「住民に身
近な行政はできる限り地方公共団体にゆだねることを基本として」とも規定
している点を確認しておこう。枠付けを国がどれほどするかは別にして、ルー
ルの中身は自治体の決定によるべきことが、方向として示されている。
　もっとも、「生命・健康に直接には影響しない生活環境」であるとしても、
全国レベルにせよ地域レベルにせよ客観的に高い価値を持つ環境の場合に単
純に「好みの問題」といえないことは、前記国立市事件最判が述べるところ
である。同様に、「生命・健康に直接には影響しない生活環境」であっても、
たとえば希少野生動植物種のように、その保護が「好みの問題」とはいいき
れないものもある。とはいえ、「生命・健康に直接影響する生活環境」ほど
には、保護法益としての価値は高くないから、学問的・専門的知見と決定の
民主性を統合した判断が求められる。それゆえに、こうした決定およびその
制度設計の責任を負うことが多い国は、専門的な研究者・環境NPOの参画
を（その主張が行政に対して批判的であるかどうかにかかわらず）とくに重視す
べきことになる。逆に、「生命・健康に直接に影響する生活環境」であっても、
たとえば放射性物質による汚染対応のように、不確実性が伴うがゆえに、そ
の程度は別にして、民主的手続を踏まえた決定にせざるをえないものもある。

177

そこにおいて、国と自治体の役割分担をどう考えるかは難しい。

「適切な役割分担関係」といくつかの論点

(1) 基幹法
(a) 環境基本法・土地基本法・生物多様性基本法

条例に国の責務が規定されることはないが、法律には自治体の責務が規定されるのが通例である。環境基本法（1993年）は、「地方公共団体は、基本理念にのっとり、環境の保全に関し、国の施策に準じた施策及びその他の地方公共団体の区域の自然的社会的条件に応じた施策を策定し、及び実施する責務を有する。」(7条) と規定する（36条も参照）。一方、1989年制定の土地基本法は、一貫して「国及び地方公共団体」と規定し、自治体の役割に明示的に注目していない。

環境基本法の上記規定は、旧公害対策基本法のそれ（5条、18条）を基本的に引き写している。地域の自然的社会的条件に応じた施策の策定・実施を自治体の役割と規定している点が注目されるが、これは、いわゆる未規制領域（法律が制定されていない領域、法律は制定されているがその上乗せ・横出し（当然に、法律とはリンクしない）をする領域）における対応を意味していたのであり、法律の実施においてそれができることを意味するものではなかった[12]。機関委任事務を規定する法律のなかには、「国の事務」のみがあり、水質汚濁防止法3条3項のような例外を除き、そこには地域特性に適合した対応を観念する余地は、基本的にはなかった[13]。

第1次分権改革を受けて改正された基幹法はない。環境基本条例も同様である。しかし、日本の環境ガバナンスに関する重要な基本政策の変更は、環境基本法改正により明確に確認しなければならない。とくに「準じた施策」という前時代的な規定ぶりは、修正されるべきである。生物多様性基本法に

12　環境省総合環境政策局総務課（編著）『環境基本法の解説〔改訂版〕』（ぎょうせい、2002年）158頁参照。
13　北村・前註（8）書36頁参照。

第9章 環境行政組織——対等な統治主体同士の適切な役割分担の検討

ついても同様である。同法は、分権改革後の2008年に制定されたにしては、あきれるばかりの問題意識のなさである。環境基本法が、自らを最上位の環境基幹法と考えているのであれば、地方自治法1条の2および2条11〜13項に規定される「国と自治体の適切な役割分担」法理を、環境行政に即して規定するよう改正されるべきである。

(b) 国の環境基本計画

環境基本法15条にもとづく環境基本計画の名宛人は、第1次的には、中央政府である。現在では、とりわけ分権改革後の2006年に策定された（それゆえ、地方自治法1条の2第2項を十分に意識した記述ぶりの）第3次計画が注目される（第4次計画（2012年）および第5次計画（2018年）には、みるべきものはない）。いくつかの記述をみておこう。

国の役割は、「ナショナルミニマムの確保等、国全体や地球規模の視点から基本的なルールを策定することや必要な施策を展開すること」である。法定自治体事務に関しては、「問題によっては、日本全体にとって最適な選択となるよう、国単位で施策を考えることが求められるものがあり、そのような場合には、国が法令に基づく一定の基準の作成や調整を行います。特に、環境政策の基盤となる、環境の状況に関する監視・観測等については、全国で整合性のあるデータが得られるように適切な関与を行う必要があります。」とする。一方、自治体の役割については、「より小規模で地域に密着した主体の方が自らの周辺状況に関する情報を密に持つ等、個別の事情に応じてより効率的、効果的に環境保全の取組を行うことができる場合も多くあります。」とする。

中央政府として、事務によっては全国画一的な質の事務の実施を確保したいと考えることには、その役割に照らして合理性がある。その場合、自治体の財政事情に鑑みれば、たとえば監視・測定について十分な財政措置をすることは、「適切な関与を行う必要」を論じる前提であろう[14]。交付税では不

---

14 大塚直『環境法Basic〔第2版〕』（有斐閣、2016年）178〜179頁参照。

第2部 事業者の意思決定への法的アプローチ

安があるなら負担金である。それでも心配なら、現在の法制度のもとでは、国の直接執行にするしかない。必ずしも十分な人員・予算があるわけではない地方環境事務所しか手に持たない環境省では荷が重いならば、多くの出先機関を持つ国土交通省との共管とすればよい。

(c) 法定計画の御利益

環境基本法は、自治体に対して、特定施策としての基本計画の策定を義務づけも奨励もしていない。この点、生物多様性基本法13条は、生物多様性地域戦略という法定計画の策定を奨励する。これは、環境に関する法定自治体計画である。

案外気づかれていないが、法定計画となっていることの実務上の意味は少なくない。許可基準として機能する場合があるからである。たとえば、公有水面埋立法4条1項3号は、「埋立地ノ用途ガ土地利用又ハ環境保全ニ関スル国又ハ地方公共団体…ノ法律ニ基ク計画ニ違背セザルコト」と規定する（下線筆者）。鞆の浦世界遺産事件地裁判決（広島地判平成21年10月1日判時2060号3頁）において、瀬戸内海環境保全特別措置法4条にもとづく広島県計画が大きな意味を持ったことは、周知の通りである。地方法定計画において合意された内容が、環境配慮の観点から、開発法の権限行使を法的に拘束するのである[15]。一種の横断条項的効果を持つことになる[16]。

なお、独立条例にもとづいて策定された自治体計画への適合を、明文規定がないにもかかわらず法律実施条例を制定して横出し的に法律の許可基準に追加することができるかについては、消極説も強い。こうした明文規定は、自治体決定を法定事務の実施にリンクさせることができる点で合理的である。

---

15 大久保・前註（5）論文115〜116頁、北村・前註（1）書106頁参照。

16 規定された当時は、それほど深くは考えられていなかったのかもしれない。しかし、行政事件訴訟法2004年改正によって、原告適格解釈を緩やかにする方向が示されたこと、非申請型義務付け訴訟や行政差止訴訟が明定されたことは、裁量権行使を環境保護的観点から統制する方向を、わずかながらではあるが推進している。その可能性や限界については、越智敏裕「行政事件訴訟法の改正と環境訴訟の展望」上智法学論集48巻3＝4号（2005年）17頁以下参照。

（d）「ナショナル・ミニマム」

先にみた第3次環境基本計画においても示されているが、環境基本法のもとでは、国の施策は「ナショナルミニマムの確保等の全国的な見地からなされる」という理解がある。

環境保全については、「好みの問題」のものもあれば、「好みの問題」にはできないものもある。後者についてナショナル・ミニマムを観念することは可能であるが、前者については必ずしもそうではない。かつて、条例制定権との関係で自治体の事務領域論が問題となったとき、公害に関する法律規制はナショナル・ミニマムだから自治体は上乗せ条例を制定できるという趣旨の議論がされた[17]。後者を念頭に置いていたのであればそのかぎりで適切な議論であるが、およそ公害を対象にしていたのであれば、理論的に妥当ではない。ナショナル・ミニマムという概念は、もともと過剰気味に用いられていたのである。分権改革前の当時に置いても、その規律内容は、せいぜい全国平均的なもの（ナショナル・スタンダード）ととらえるべきである[18]。「国から目線」では、ナショナル・ミニマムを読み切れない。環境的・社会的条件が多様なこの国においては、地域の生活環境保全の観点からは過剰規制になっている場合もあるのであり、他の自治体に影響がないかぎりにおいて、都市計画法33条3項が明記しているように、規制基準値の緩和もありうる。その決定の根拠づくりにあたって、国の研究機関には、自治体をサポートする責務がある。

また、ナショナル・ミニマムであるといっても、ストレートに国の独占的事務とはならない。直接執行事務であるなら別であるが、法律に法定自治体事務を規定する以上、その実現は、国と自治体の適切な役割分担のなかでさ

17　原田尚彦『環境法〔補正版〕』（弘文堂、1994年）141頁参照。

18　西尾・前註（3）書224頁は、ナショナル・ミニマムの過剰現象を指摘し、そのミニマム化を主張する。礒野弥生「環境問題と分権の課題」森島昭夫＋大塚直＋北村喜宣（編）『環境問題の行方』［増刊ジュリスト］（有斐閣、1999年）246頁以下、大久保規子「地方分権と環境行政の課題」行政管理研究91号（2000年）39頁以下は、ナショナル・ミニマムという把握の仕方を所与としているようにもみえる。

第2部 | 事業者の意思決定への法的アプローチ

れるべきである[19]。ナショナル・ミニマムとは、全国的に確保されるべき最低限の水準という意味であり、必ず国が独占的に担当するというわけではない。確保方法は多様である。

(2) 個別法

(a) 事務処理特例条例および権限移譲

いわゆる補完性原理を踏まえ、より多くの事務を住民に身近な市町村が担当できるような制度改革がされている。都道府県事務を選択的に移譲する事務処理特例条例制度（地方自治法252条の17の2）、および、一定の市に一括して移譲する法改正による権限移譲である。

個別か一律かという違いはあるが、いずれにおいても、移譲をされる市町村の側に、制度的には選択権（＝拒否権といってもよい）はないとされる。事務処理特例制度の運用にあたっては、いわゆる補完事務が都道府県の事務となっている意味を十分に踏まえる必要がある。一律移譲（環境基本法、騒音規制法、悪臭防止法、振動規制法で実現）については、政令指定都市や中核市・特例市ではなく、およそすべての市に対して一方的になされる。都道府県事務であった方が良質の行政実施ができるかどうかという検証はされないまま、中央政府は、「身近な自治体に移せる事務は移す」と割り切った。「市」ではあるが、身の丈以上の事務となった市（実態は「町」に近い）もあるだろう。

事務の強制により、自治体の行政能力は向上するのかもしれず、またそれを狙った制度設計なのかもしれない。しかし、不幸にして十分な対応ができなければ、地域の生活環境に影響が発生し、住民たる国民の福祉向上に支障が生ずる。積極的には想定はされていないが、都道府県への事務委託（地方自治法252条の14 ～ 252条の16）も適法と考えられる。選択と強制をどのように組み合わせるのかは、環境行政においても重要な論点である。事務処理特例条例を都道府県が制定して、具体的な市町村に事務を移譲する場合には、たんに協議という手続のみならず当該市町村の同意を要する

---

[19] 北村喜宣「基準の条例化と条例による追加・加重、上書き権」同・前註（4）21頁以下・43頁参照。

と解するべきであろう[20]。

(b) 第2次分権改革のなかでの義務づけ・枠づけの撤廃・緩和
(ア) 関 与

「地域の自主性及び自立性を高めるための改革推進を図るための関係法律の整備に関する法律」という同名の第1次一括法および第2次一括法（いずれも2001年制定）では、計画策定、公表、報告などの義務を廃止したり努力義務化したりする改革がされた[21]。法定事項の削除・緩和などもされている。これらについて自治体は、「義務でなくなった」と単純に考えるのではなく、義務とされていた意義を自立的に考え、改めて条例で義務づけることもありえよう。なお、義務づけの削除などの措置がされていない環境法について、自治体が条例でこれを削除することは違法である。同意を要する協議とされているものについても同様である。

環境大臣の指示（水質汚濁防止法24条の2、廃棄物処理法8条の2第6～7項（産業廃棄物処理施設に関してはない））や並行権限（水質汚濁防止法22条2～3項、廃棄物処理法24条の3）については、どのように考えればよいだろうか。国の役割分担にもとづいてなされる措置であるが、指示に関して、水質汚濁防止法は「人の健康に係る被害が生ずることを防止するため緊急の必要がある」ときを、廃棄物処理法は「生活環境保全上緊急の必要がある場合」を要件とする。国民の健康保護は、「全国的な視点に立って行わなければならない施策」であろう。もっとも、健康についてはそういえそうであるが、生活環境について一般的にそうと考えているとすれば疑問も残る。立入検査の並行権限に関する上記水質汚濁防止法は、「人の健康又は生活環境に係る被害が生ずることを防止するため緊急の必要がある」というように、実害発生という限界

---

20 この論点については、宇賀克也『地方自治法概説〔第6版〕』（有斐閣、2017年）68頁以下、千葉実「条例による事務処理の特例の現状とこれから」北村喜宣＋山口道昭＋出石稔＋礒崎初仁（編）『自治体政策法務』（有斐閣、2011年）555頁以下参照。

21 全体像については、川﨑政司（編著）『「地域主権改革」関連法：自治体への影響とその対応に向けて』（第一法規、2012年）、義務枠見直し条例研究会（編著）『義務付け・枠付け見直し独自基準事例集』（ぎょうせい、2013年）参照。

第2部 | 事業者の意思決定への法的アプローチ

的状況を前提にしている点では、合理的ではある。廃棄物処理法が「生活環境の保全上特に必要がある」というのも同旨であろう。しかし、そうした限界的状況を放置する自治体環境行政を想定する必要があるのだろうか。

（イ）条　例

　第1次一括法および第2次一括法による枠づけ緩和方策としての「条例制定権の拡大」に対する筆者の評価は極めて低い[22]。環境法に関しては、鳥獣保護法のもとでの指定猟法禁止区域や休猟区の表示標識の寸法に関して条例で決定するよう義務づけた措置、廃棄物処理法のもとで一般廃棄物処理施設技術管理者の資格に関して条例で決定するよう義務づける措置が、「条例制定権の拡大」「自治体の自己決定」の具体例として評価されている始末である[23]。

　先にみたように、中央政府は、法律に明示的規定がないかぎり法律実施条例は制定できないと解している。国会の立法権の侵害と考えるのであろうが、憲法92条を踏まえるならば、そのように限定的に解する必要はない。現実に、地域的立法事実にもとづき、対応する法律および条項を自ら選択肢し、法律の制度趣旨の範囲内で独自の対応をする条例が増加している[24]。公害等調整委員会は、北海道砂利採取条例事件において、砂利採取法に対して横出し的規制強化をした条例を適法と解する裁定をした（公調委裁定平成25年3月11日判時2182号34頁）[25]。明文規定が不要であることは、当然の前提とされている。

22　北村・前註（4）論文、同「分任条例の法理論」同・前註（4）書45頁以下参照。

23　北村喜宣「地方分権推進と環境法」同・前註（4）書230頁以下・238 ～ 240頁、筑紫圭一「義務付け・枠付けの見直しに伴う条例の制定と規則委任の可否」北村喜宣（編著）『第2次分権改革の検証：義務付け・枠付けの見直しを中心に』（敬文堂、2016年）88頁以下参照。礒崎初仁「法令の過剰過密と立法分権の可能性：分権改革・第3ステージに向けて」北村喜宣＋山口道昭＋礒崎初仁＋出石稔＋田中孝男（編）『自治体政策法務の理論と課題別実践』［鈴木庸夫先生古稀記念］（第一法規、2017年）189頁以下・192頁は、「地域事情を反映させる必要性が乏しい事項がアリバイづくりのように条例委任された」と指摘するが、同感である。

24　詳しくは、北村・前註（8）書38 ～ 41頁参照。

25　北村喜宣「評釈」新・判例解説Watch13号（2013年）275頁以下。同評釈では、「裁定」と表記すべきところを「裁決」としていた。誤りであり訂正する。

（c）運　用

　個別法に規定される自治体事務の実施に指針を与えるために、ガイドラインの策定が義務づけられることがある。それにあたっては、「上位計画」という位置づけのもとに、中央政府が基本指針や基本計画を策定し、自治体は、それに即して計画を策定する（例：「ポリ塩化ビフェニル廃棄物の適正な処理の推進に関する特別措置法」（PCB特措法）、「動物の愛護及び管理に関する法律」、「地球温暖化対策の推進に関する法律」（地球温暖化対策法）。この場面でも、両者の適切な役割分担が意識されるべきである。

　国の指針や計画は、中央環境審議会の議論を踏まえて決定されるのだろうが、筆者が参加したある部会では、NPOや自治体から、「国がもっと踏み込んで決めてくれ」という趣旨の発言が相次ぎ驚いた[26]。まったく情けないが、これに安易に応じていたのでは、適切な役割分担など叶うはずもない。国の役割ではない部分については、自治体に対して国が「引く」ことが必要なのである。

（3）自治体事務化による環境破壊・劣化促進の危惧

（a）「抵抗勢力」としての環境庁

　第1次分権改革の際、当時の環境庁は、改革に消極的な「抵抗勢力」のひとつと名指しされていた[27]。そうであったのは、開発志向の自治体が少なくなく、そうした自治体の事務にしてしまうと、公害の未然防止やナショナル・ミニマムの確保に支障が生じるという認識ゆえのことであった。その結果、「同意、指示等が、広範に定められた」[28]。

26　ほかの部会の状況は知るところではないが、NPOや自治体のほか、地域的にやり方がバラバラになり、その対応にコストがかかることへの懸念から、産業界からも「全国画一」を求める声があがっているのかもしれない。分権推進には、経済界の政治的支持が不可欠であるところ、全国一律と地域的多様性のバランスをいかにとるかは、悩ましい点である。

27　大森彌「くらしづくりと分権改革」西尾（編著）・前註（7）書211頁以下・244頁、成田頼明『分権改革と第二次環告の意義：第一次環告も踏まえて』（地方自治総合研究所、1998年）20頁、西尾勝「制度改革と制度設計：地方分権推進委員会の事例を素材として（下）」UP［東京大学出版会］322号（1999年）22頁以下・26〜27頁参照。

28　大久保・前註（18）論文44頁。

第2部 事業者の意思決定への法的アプローチ

　環境に影響を与える行為に関する許認可根拠法の基準に「環境配慮」が含められていれば（より具体的にいえば、開発法が目的規定のみならず許認可の根拠規定においても十分に「グリーン化」していれば）、環境庁の懸念はなかったのかもしれない。しかし、そうではなかったがゆえに、不十分であることは重々承知しつつも、自分たちの所管法のかぎりにおいて、「体を張って」抵抗勢力になったのであろう。

(b) 司法制度改革と法令のあり方

　この点は、環境行政のあり方に関して次元の異なる重要な理論的課題を提示する。第1は、司法制度改革である。「みんなのもの」である環境について、市民は行政にその適正管理を信託しているのではあるが、信託の趣旨を損なうような決定であれば、それを訴訟で争えるようにする必要がある。その手段は、学界においても、繰り返し論じられてきた市民訴訟・団体訴訟である[29]。

　自治体環境行政との関係でいえば、自治体決定が法律の制度趣旨に適合するかどうかを司法審査に開放するような仕組みが適切である。地方分権の行き過ぎにより、環境に悪影響が発生することが危惧されている[30]。もっとも、それゆえに分権改革に消極的になる必要はない。従来は、たとえそうしたことがあっても、訴訟が適切に機能しなかったことに問題があるのである。より広い視点から考える必要がある。とりわけ環境法分野における地方分権は、司法制度改革と同時並行的に論じる必要がある。議会・行政・住民による「地元ぐるみの濫開発」を懸念するならば、ますます市民訴訟・団体訴訟は必要である[31]。限定的にしかできない環境大臣の関与に

29　市民訴訟・団体訴訟については、越智敏裕「行政訴訟改革としての団体訴訟制度の導入─環境保全・消費者保護分野における公益代表訴訟の意義と可能性」自由と正義53巻8号（2002年）36頁以下、島村健「環境団体訴訟の正統性について」高木光＋交告尚史＋占部裕典＋北村喜宣＋中川丈久（編）『行政法学の未来に向けて』[阿部泰隆先生古稀記念]（有斐閣、2012年）503頁以下、環境法政策学会（編）『公害・環境紛争処理の変容：その実態と課題』（商事法務、2012年）第3部所収の諸論文参照。

30　大塚直「「地方分権と環境行政」に関する問題提起」環境研究142号（2006年）142頁以下参照。

31　大久保・前註（18）論文50頁、北村・前註（1）書87頁、大塚直『環境法〔第3版〕』（有斐閣、2010年）613頁、704頁参照。

加えて、環境NPOが関与してくれる。環境法の議論においては、環境大臣のみが環境利益を代表するという考え方があるように感じることがあるが、大きな誤解である。

第2に、国が決めるべき部分のみを法律本則（基本指針、基本計画）および政省令で国が決定し、そのほかは、基本的に自治体の条例決定に任せることができるような法令の構造改革が必要である。イメージとしては、［図表9.2］を参照されたい。

現在は、「国がすべてを決める」という分権改革前の法令構造が温存されている。もちろん、自治体に関する法律であっても、国が決める部分は存続する。しかし、現在の法状態にあっては、「国が決めるべき部分」を超えて国が決定してしまっているのである。この過剰決定状態をいかに是正するか、［図表9.2］でいえば、いかに右の方向に移行するかが分権改革の課題である。事情は環境法においても変わらない。「自治体が決定すべき部分」であるのに国が決定している部分をいかに少なくするかが、議論されなければならない。

［図表9.2］法律における国と自治体の役割

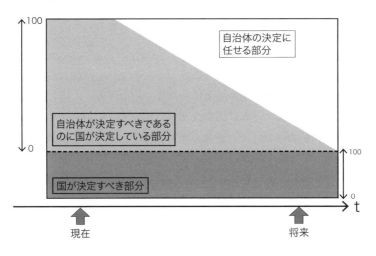

［出典］筆者作成。

第2部　事業者の意思決定への法的アプローチ

（c）解釈論の可能性

以上の立法論とは次元を異にするが、第2の対応として、解釈論の可能性
もある。処分の根拠法の目的規定あるいは根拠条文に関する環境配慮審査義
務の自治的法解釈による読込みである。

環境保護的に法律を運用しようとして、「体を張っている」自治体もある。
しかし、個別法の文言を厳格に解するのが、裁判例等の傾向である（岐阜地
判平成14年10月31日判自241号58頁［温泉法］、公調委裁定平成19年5月8日判
時1967号65頁［採石法］、最2小判平成19年12月7日民集61巻9号3290頁［海岸
法］）。自治体が、個別法に基づく法定事務を環境に配慮して運用するのは、
地方自治法1条の2第1項が自治体に求める役割（自主的・総合的政策実施主
体）を踏まえてのことである。自治体が、同法2条13項の趣旨に即した解釈
をしているのであれば、それを基本的に尊重することが、裁判所を含めた「国」
に求められる。過度の法令準拠主義は、厳に排されるべきである。

（4）国際環境条約の国内実施における自治体

国際環境条約の締約国となった場合、適切な国内措置を講ずる義務は、対
外的には国家にあるが、対内的には第1次的に国にある。批准にあたって国
内担保法が制定される場合、そのもとで国および自治体にどのような役割を
分任させるのか、条約とは関係のない純粋国内法政策の場合とどのように異
なるのかは、興味深い理論的課題である。

対外的責任をそのまま対内的にも国の責任と読み替えて、国が独占的主体
と考えているとすれば、それは適切な認識とはいえない。もっとも、条約実
施のための国内法のなかで、自治体に事務実施を命じている法律規定として
は、地球温暖化対策法20条の3がある程度である[32]。

今後は、国際環境条約の実施主体として、自治体をより積極的に位置づけ

---

[32]　二酸化炭素排出抑制施策に関しては、自治体が先行していたという事情がある。自治
体の地球温暖化対策については、田中充「地域における温暖化影響・適応策研究の動向」
地域イノベーション［法政大学］4巻（2012年）97頁以下、中口毅博「地球温暖化防止
における自治体の役割と地球温暖化防止条例」自治体法務研究2007年冬号24頁以下参照。

るかどうかが、自覚的に検討されるべきだろう[33]。その際、自治体の事務は法定受託事務[34]になるのだろうか。第1次分権改革の際に、かつての機関委任事務を法定受託事務に振り分けるときには、「8. 国際協定等との関連に加え、制度全体にわたる見直しが近く予定されている事務」というメルクマールが用いられた。これによるならば、「国際協定がらみ」であれば、法定受託事務となるのだろう。この点、純粋国内法の場合とは、事情が異なるようにも思われる。議論には慎重さを要するが、あるいは法定受託事務と法定自治事務以外の新たな事務類型が必要かもしれない。環境条約の国内実施にあたって、国と自治体がどのように協力するべきかに関する議論は十分にないが、将来的には、重要な環境法の論点である[35]。

5 環境行政における国・自治体関係の展望

(1) 議論停滞への懸念

第1次分権改革により、「国の事務」を自治体または自治体行政庁に命ずる団体委任事務・機関委任事務という制度は廃止された。しかし、法令の構造や規定ぶりは、基本的に、まだ昔のままである。改革を受けて、市民の福祉向上のために、法律のなかで、国と自治体とをいかに配置するかについての根本からの議論はされていない状況にある。環境法もその例外ではない。

第2次分権改革のなかでの枠付け緩和作業は、きわめて不十分ながらも方向性としては、法令のなかでの「国と自治体の適切な役割分担」の実現を目

---

33 北村・前註（8）書9頁参照。

34 地方自治法2条9項は、法定受託事務を、「法律又はこれに基づく政令により都道府県、市町村又は特別区が処理することとされる事務のうち、国が本来果たすべき役割に係るものであつて、国においてその適正な処理を特に確保する必要があるものとして法律又はこれに基づく政令に特に定めるもの」（下線筆者）と規定する。なお、前出の地球温暖化対策法20条の3は、自治体先行の経緯もあってか、法定自治事務となっている。

35 北村喜宣「環境条約の国内実施：特集にあたって」論究ジュリスト7号（2013年）4頁以下参照。同誌は、「〔特集1〕環境条約の国内実施：国際法と国内法の関係」のもとに、18本の論文・コラムを収録している。この主題についての初めてのまとまった研究成果である。

第2部 | 事業者の意思決定への法的アプローチ

指していた。それが一段落した後、内閣府において、さらに本格的にその作業を進めるような動きはみえてこない[36]。懸念されるのは、それゆえに「国の決めすぎ状態」にある現行環境法が以前にもまして所与とされてしまい、分権前と何ら変わらないような議論や運用がされることである。

(2) 条例による法令の「柔軟化」

ただ、いくつかの自治体は、現行法のもとにおいても、その自治的法解釈にもとづいて、法律による規定内容を地域特性適合的に修正する法的効果を持つ法律実施条例を制定・実施している。それは、上書きであり、上乗せであり、横出しである。自治体が、自ら法律・条項を選択して対応している[37]。

政治状況をみるかぎり、環境法も含めて、適切な関係を実現するような抜本的法改革は期待できない。したがって、このような実践を通じ、自治体側のイニシアティブによって、法令を「柔軟化」するのが現実的である。地域特性適合的対応ができないようにみえる「凝り固まった」法令を、自治的法解釈を通じて柔らかくするのである。適切な役割分担関係を、自治体自らがつくっていくしかないと思われる。

(3) 役割のベスト・ミックスを踏まえた環境管理法制度

1960年代後半を考えてみよう。その時期に、それまでの公害対策法の不十分さに反応して、自治体が果敢に条例を制定し、その成果が結果的に法律に反映されたことは、環境法史の輝かしい一断面として記録されている[38]。

---

36 実施されているのは、いわゆる提案募集方式である。第1次分権改革の中心人物のひとりである松本英昭は、「提案募集方式では、……中央集権の岩盤に係るような改革や、自治の地平を広げるような提案は出ていない」と指摘している。同「地方分権推進法の20年と地方分権の今後の展望」自治実務セミナー2016年5月号26頁以下・27頁。地方自治法1条の2を踏まえて、国と地方の協議の場を活用すれば、「わが国を相当の分権国家にしていくことができる」といわれる。大森彌「日本国憲法のもと七〇年、地方自治の相貌」地方自治844号（2018年）20頁以下・26頁参照。

37 北村・前註（8）書38〜40頁参照。

38 原田尚彦（編著）『公害防止条例』（学陽書房、1978年）、人見剛＋横田覚＋海老沢富夫（編著）『公害防止条例の研究』（敬文堂、2012年）参照。

ところが、そうした先駆的条例に対して、中央政府や産業界からは、「違法」という批判も強くされていたのであった。現在もまた、旧態とした法理論が新たな法実践に揺さぶられている時期にある。しかし、長期的にみるならば、古い法理論がやがては変容する。一種のパラダイム転換期なのであろう。

　省庁縦割りに起因する環境破壊・劣化に対して、環境法学は、厳しい批判を向けてきた。本章では、「より多くの決定権を自治体に」という姿勢で論じてきたが、これは、現行法が「国の決めすぎ状態」となっているからである。それは解消されたとしても、「国・自治体横割り」に起因した環境破壊・劣化が発生したのでは、何にもならない。まさにベスト・ミックスが必要である。

　しかし、到達すべき頂は、雲に隠れているというのが実情である。どのような法状態が適切・理想的なのか。筆者もよくわかっていない。自治体の実践に学びつつ、国と自治体の適切な役割分担を踏まえた合理的な環境管理法制度の実現に向けて、さらに理論的検討を進めたい。

Part 2

第10章

企業と環境法

〔要旨〕
　環境法のもとでは規制対象となっている企業であるが、そうであるがゆえに、環境法の合理性について問題提起ができる立場でもある。これまでは、被害者住民をサポートしてきた環境法弁護士であるが、今後は、それに加えて、企業の環境コンプライアンスを確保するとともに、ときに不合理な対応をする行政と向き合うことによって、環境法をより佳くする活躍が期待されている。環境法コンサルティングの市場可能性は大きい。法科大学院や大学において、多角的に環境法を教育する必要性も大きい。

第2部 | 事業者の意思決定への法的アプローチ

1 弁護士にとっての「企業と環境法」という視点

「企業と環境法」という視点は、今後の法曹界にとって非常に重要なテーマとなると予想される。環境法に関する弁護士といえば、たとえば、公害患者をサポートする社会派弁護士というようなイメージがあった。たしかに、そうした弁護士は、被害者の救済や環境法理の発展にあたって、きわめて大きな社会的役割を演じてきた。一方、企業を環境法の観点からサポートするタイプの弁護士も、これからは重要であり、そうした角度から環境法を研究することも重要だろうと考える。

弁護士にとって、環境法は、一般に、それほど親しみのある法律分野ではない。司法試験の選択科目のひとつとなったために、法科大学院においては、環境法の関係科目が開講されているところが多いが、法学部となると、科目がない大学も少なくない。

環境法とは、射程の広い表現である。そのなかで、筆者自身、最近は、「企業と環境法」という視点を強く意識して研究を進めている。いうまでもなく、企業は環境法のユーザーである。といっても、環境法により規制を受ける側であるから、ユーザー・フレンドリーだけであるならば、不合理な環境負荷を許してしまう。どの程度の制約をどのような理由で課すべきなのか。逆に見れば、どのような制約はどのような理由で課されるべきではないのか。こうした点から、環境法を説明する。

2 3つの環境法判決を考える

(1) 国立市大学通りマンション事件最高裁判決

国立市大学通りマンション事件最高裁判決は、2006年に下された（最1小判平成18年3月30日民集60巻3号948頁）。この事件をめぐっては、住民や事業者などから多くの訴訟が提起されているが、おそらくもっとも有名なのは、建築が完了し入居もされている高さ43.7mのマンションの20m以上の部分を

撤去せよと命じた民事訴訟における東京地裁の判決であろう（東京地判平成14年12月18日民集60巻3号1079頁）。この判決は、事業者によって控訴され、これを認めて地裁判決を取り消した高裁判決（東京高判平成16年10月27日民集60巻3号1177頁）を、最高裁も支持した。結果的に、原告敗訴の事件である。

本件では、何が良好な景観なのかが争われた。最高裁判決のエッセンスは、何が良好な景観であるのかは民事裁判ではなく民主的手続によってしか決定できないという点にある。政治過程を経て制定された法律なり条例なりにもとづいて保護すべき景観の内容を決定し、その実現を行政がするしかないというのである。こうした判断は、新しいものではない。かつて、京都市仏教会事件京都地裁決定（京都地決平成4年8月6日判時1432号125頁）においてもされている。この点は、環境法を考えるにあたって、興味深い示唆を与える。

環境をどれくらいのタイムスパンでとらえるか。これは、人それぞれであろう。たとえば、訴訟の対象となったマンションが建設されている国立市の地域には、現在は、高さ20m制限の地区計画がつくられそれを実施するための条例も制定されている。このため、当該マンションは、現在、既存不適格状態になっている。建築基準法のもとで、新しい基準が施行された当時にすでに建設されている（建設が開始されているものも含めて）建築物については、客観的には基準違反状態ではあるが、当該建築物を次に建替える際にその基準に適合させればよい（それまでは、適法に存続できる）という制度である。このため、将来、当該マンションの建替えの際には、20mという制約がかかってくる。

マンション建築の専門家によれば、施設などが陳腐化するため、マンションというのは、適切にメンテナンスをしても、せいぜい40年くらいで建替える必要があるという。そうした時期になって、既存不適格状態になっているマンションの専有部分が転売できるのかどうか。重要事項説明においては、地区計画の規制がかかっていることはわかるから、建替えに関する管理組合における面倒な利害調整を予想しても購入する人がいるのかどうか。それがされないまま、劣化が進むのかどうか。最初に購入した居住者がこうした事態をどれほど予測していたのかは不明であるが、結果的に売逃げ状態にある

第2部 事業者の意思決定への法的アプローチ

分譲業者に対して、民事訴訟が提起されるかもしれない。

ここで学ぶべきは、ある状態について事前にルールを合意してつくっておくことの重要性である。一般的に適用できるルールがあれば、「あの場所ではそうした行為はできない」とわかる。ディベロッパーは、90億円も支払って土地を購入しなかったのである。しかし、絶対高さ規制はなく、90億円に見合う利潤が期待できる規制状態であったから、合理的に判断して土地を購入したのであった。環境法のあり方について、大きな問題を投げかけた事件である。

(2) 水戸市産業廃棄物最終処分場事件東京高裁判決

この事件は、産業廃棄物最終処分場の設置をめぐる民事訴訟である。周辺住民が、建設・操業・使用の差止めを求めたところ、裁判所は、請求を認容した（東京高判平成19年11月28日判例集未登載）。この施設については知事の許可が出ていたが、それにもかかわらず、裁判所が差止めを認めたのである。

処理業者にとっては、とんでもない話である。相当の資金を投入して、「廃棄物の処理及び清掃に関する法律」（廃棄物処理法）のもとで知事の許可を得て、さあやろうと思ったところに差止判決が出る。産業廃棄物処理施設に関するこうした事件は、それほどめずらしくはない。

処理業者には、処理基準を遵守せよ、委託基準を遵守せよ、問題が発生すれば適切に対応せよというように、廃棄物処理法上、種々の義務が課されている。これがすべてうまくいけばよいのであるが、裁判所は、「万全という保障がない」と判断している。

民事訴訟において、周辺住民が主張する法的利益は、人格権である。最終処分場の操業によって地下水を汚染する高度の蓋然性があるという住民側の主張を処分場側が崩せない。因果関係の存在が事実上推認されている。もちろん、不可逆的な健康被害は回避されるべきであり、それは当然であるが、事業者からみれば、超えることがほぼ不可能なハードルが裁判所によってつくられるというような結果になる。技術的に重厚なハードやソフトの投資をすれば万全の措置は可能かもしれないが、あくまでビジネスなのであり、そ

196

第10章 企業と環境法

こまで求められると撤退するほかないということになる。この社会に、産業廃棄物の最終処分場は必要であるが、人格権を侵害してよいわけではない。いかに両立させるのか。

ここから学ぶべき教訓は、立地規制システムを整備することである。バッファーゾーン（緩衝地帯）をつくって、そうした被害の可能性をなくす。あるいは、地下水が問題になるのであれば、発想を転換して、水道整備と引き替えに地下水の利用を禁止する地域をゾーニングし、そこでの立地を認めるようにすればよい。「地下水を飲む絶対的な権利」など、憲法では認められない。廃棄物処理法ではこうした仕組みはないから、許可事務を担当する都道府県が、条例を制定してそのなかでゾーニングをするのである。行政法的なシステムが重要である。

（3）鞆の浦世界遺産事件広島地裁判決

広島県知事がしようとした公有水面埋立法にもとづく免許処分の差止めを認めたのが、鞆の浦世界遺産訴訟広島地裁判決である（広島地判平成21年10月1日判時2060号3頁）。処分差止訴訟は、行政事件訴訟法の2004年改正によって新たに規定された訴訟類型である。事業主体である広島県の知事が免許権限を持つ広島県の知事に免許を申請していた。

公有水面埋立法4条1項は、知事の免許要件として、「国土利用上適正且合理的ナルコト」（1号）、「其ノ埋立ガ環境保全及災害防止ニ付キ十分配慮セラレタルモノナルコト」（2号）、「埋立地ノ用途ガ土地利用又ハ環境保全ニ関スル国又地方公共団体…ノ法律ニ基ク計画ニ違背セザルコト」（3号）を規定している。この認定にあたっては、許可権を有する都道府県知事の裁量が広い。このため、裁判官の認識が相当大きく判断に反映されることになる。230頁もある判決文を読むと、裁判官は、鞆の浦の景観はひとたび破壊されたらとりかえしがつかないと強く考えていたようにみえる。

判決では、埋立事業をする広島県の調査検討が不十分である、景観保全のためにいろいろ考えればもっと違った対応もあるはずだ、十分に考えずに結論に至っているというように、広島県の対応についてかなり批判的な評価が

197

第2部｜事業者の意思決定への法的アプローチ

されている。敗訴した県は控訴したが、結局は、2016年に、事業主体としての県知事が免許申請を取り下げたために、訴訟は終結した。

　教訓としては、行政決定において、環境アセスメントの発想の重要性が確認できる。すなわち、埋立ありきではなく、代替案を含めていろいろなことを考えたうえで決定するという手続を組みこんで緻密に制度化するのが必要だということがわかる。

3 環境紛争と環境法

　環境紛争は、なぜ発生するのだろうか。国立市マンション事件、水戸市産業廃棄物処分場事件、鞆の浦事件のいずれにおいても、「何がよい状態であるのか」に対する関係者の認識のギャップが顕著に現れている。その地域において、「社会的な合意」が十分に図られていないことも事実であろう。とりわけ、景観・まちづくり系の紛争においては、「現状変更は何となく嫌だ」という先住民の想いがある。

　まちづくり条例に関する審議会等の場で市民の方々の議論を聴くと、とにかく変えるなという。現状凍結的な発想が少なくない。一切の変更がダメというのであるから、対立は当然回避できない。

　また、環境意識の向上も大きい。自分自身の健康に対する意識はもとより、大気、飲み水に対する意識の向上は相当にみられる。それらに影響を与えうるものに対して不安を感じるというのは、きわめて健全である。従来ならば紛争にならなかったようなことが紛争に発展するのである。従来ならば、泣き寝入りしていたり諦めていたりした事案に「法の光」が当てられる。主張の正当性は事案によるが、少なくとも法的な評価を受けるようになる。

　筆者は、上智大学法科大学院で環境法を教えている。学生のなかには、「環境法はビジネスになるのでしょうか。」と質問してくる者もいる。これに対しては、「従来型の環境法弁護士であれば、カブトガニより早く絶滅するだろう。環境法ビジネスの地平を自分たちで開拓し、被害住民のサポートだけでなく企業の環境コンプライアンスをサポートできるような専門的サービス

198

ができるならば、未来は明るい。」と答えている。

　環境意識の向上は、企業についても指摘できる。「こんなことをやっていて果たしていいのか。」と考え、漫然と事業活動をするのではなく、たとえば、「これは廃棄物ですか。」と弁護士に質問する。廃棄物かどうかについては、法律家であっても、非常に難しい判断を迫られる。「これは委託しなければならないのか。」「これは再利用になるのか。」など、一歩間違えば委託基準違反や不法投棄になる。住民や企業の環境意識の向上が、環境法のニーズを高めるのである。

何を学ばなければならないか

(1) 環境法とは

　学生は何を学ぶべきなのか。学生に何を学ばせるべきなのか。それぞれの環境法教師には、この点についての検討が求められる。法科大学院の授業においては、「コアカリキュラム」として教授すべき項目が指定されている主要科目がある。司法試験において選択科目となっているものの、環境法については、そうしたものはない。学部授業については、すべてについて、そもそもそうしたものはない。

　筆者自身は、環境法を、「現在および将来の環境質の状態に影響を与えるような関係者の意思決定を社会的に望ましい方向に向けさせるためのアプローチに関する法、および、環境をめぐる紛争処理に関する法」と定義している。法によって規制を受けるのは財産権保有者であるから、財産権に、合理的制約を加えるのが環境法である。

　もちろん、どのような規制であっても適法になるわけではない。憲法29条が保障する財産権について、「公共の福祉」の観点から、比例原則に反しないような権利制約が模索されることになる。

(2) 環境法の範囲

　どの範囲をもって環境法というのか。明確な限定はない。用語としては、

第2部 事業者の意思決定への法的アプローチ

地球環境、自然環境、都市環境、生活環境という言葉がある。それは「法」であるから、人間生活との関係で把握される範囲のものである。地球環境は、人間生活に関係があるのかと半世紀前には思われていたけれども、現在、それを疑う人はいない。

環境法の体系というとき、環境省所管の環境基本法を中心に考えがちであるが、環境法はそれだけにかぎられない。環境基本法のもとで制度化されている環境影響評価法は、都市環境や歴史的環境への直接的インパクトを射程に含んでいない。所管が異なるからである。都市環境は国土交通省の所管であり、歴史的環境は文化庁の所管である。しかし、自治体においては、長のもとでの総合的行政が展開される。このため、東京都環境影響条例や横浜市環境影響評価条例においては、これら項目も対象とされている。

河川法、海岸法、砂利採取法、採石法、森林法、農地法といった環境省所管外の法律においても、環境配慮が明文化されたり、配慮事項として要請されたりするようになってきている。環境法の射程は、こうした法律にまで拡大されている。

(3) 環境法講義の構成

(a) 環境法総論

環境法の授業内容を構成するにあたり、私は、これを環境法総論と環境法各論に分けている。環境法は、歴史の浅い学問分野である。たとえば、憲法や行政法であれば、誰が教えてもその内容はだいたい似てくるものである。テキストも、そう変わった構成のものは多くない。ところが、環境法は、まだまだそういうレベルになっていない。教師によって、内容は随分と異なっている。以下は、私にかぎっての内容である。

環境法総論で重要視しているものに、[図表10.1]のような「環境法のモデル」がある。私は、この説明に、より多くの時間をかけている。すべての要素が含まれるわけでないが、これは、実定環境法にほぼ共通する仕組みであり、このモデルを理解できれば、騒音規制法であろうが「特定外来生物による生態系等に係る被害の防止に関する法律」(特定外来生物法)であろうが、

第10章 企業と環境法

[図表10.1] 環境法のモデル

```
1．目的と戦略
 (1) 目的
 (2) 規制の方針・戦略・計画
2．規制対象
 (1) 定義
 (2) 範囲（規制地域、規制対象行為、規制対象企業、保護対象物、規制項目）
3．規制内容
 (1) 目標基準（環境基準）
 (2) 規制基準（排出基準、総量規制基準、施設基準、許可基準）
 (3) 義務づけ・強制
4．規制の仕組み
 (1) 事前個別チェック手法（許可制、届出制）
 (2) 誘導手法
   (a) 経済手法（補助金、利子補給、低利融資、税制優遇措置、デポジット、保険、排出量・
      開発権取引、賦課金、課徴金、税）
   (b) 情報手法（表彰、適合認定）
 (3) 啓発手法
 (4) 合意調達手法（協定、約束・履行確認制度）
 (5) 自主的取組手法
 (6) 事業手法
   (a) 公共事業              (b) NPO法人・私人
   (c) 指定法人              (d) 基金
 (7) 調整手法
   (a) 損失補償              (b) 責任の明確化・無過失損害賠償責任
   (c) 受益者負担・原因者負担     (d) 不法収益没収
   (e) 自然資源損害責任        (f) 事故時対応
 (8) 計画手法
 (9) 情報収集手法
   (a) 報告徴収・立入検査       (b) 行政測定
   (c) 研究開発
 (10) 義務違反の是正と強制手法（行政指導、行政命令）
 (11) 義務違反に対するサンクション手法
   (a) 行政罰               (b) 許可取消し
   (c) 制裁的公表
 (12) 市民参画手法
   (a) 監視                (b) 情報提供
   (c) 情報請求             (d) 権限発動促進制度
 (13) 組織整備手法
 (14) 法律施行日
```

[出典] 北村喜宣『環境法〔第4版〕』（弘文堂、2017年）124頁。

第2部 事業者の意思決定への法的アプローチ

全体像の把握がおおよそは可能になる。

　それ以外に重要なものは、もちろん訴訟である。公害紛争処理法にもとづく裁判外の紛争処理も、実務的には重要である。

　環境法の実施がどのようにされているかについてのおおよその知識も、授業では伝えるようにしている。主要な環境法については、毎年、施行状況調査がされており、その結果が、環境省のウェブサイトに掲載されている。もっとも、それをたんに伝えるだけでは、何も分からない。この点で、行政執行過程の実証研究が重要になる。違反に対する行政、警察、海上保安庁、検察の対応がどのようになっているのかは、実務家を教育する法科大学院においても重要な点であることを指摘しておきたい。

(b) 環境権、基本的考え方

　前述の通り、環境法は、新しい法分野である。「新しい」といえば、消費者法もそうであるが、そこでは、消費者の権利が重視され、それを保護するために訴訟制度も整備されている。これに対して、環境法においては、長らく環境権が提唱され、憲法13条および25条にもとづく抽象的な権利としては認められているけれども、開発行為の差止めのように訴訟で使えるようにはなっていない。訴権にはならないのである。

　しかし、良好な環境の恵沢を享受するという発想それ自体は、適切なものである。そこで、環境法においては、環境権として提唱されているものを、実体権ではなく手続権と構成している。環境に影響を与える行為をする者、あるいは、それを審査する行政に対して、環境配慮を求めることを通じて、結果的に、良好な環境を実現するというわけである。

　環境法には、いくつかの基本的考え方がある。同様の内容を指して「基本原則」という書物もあるが、法原則ではない。たとえば、法治主義であれば、それに反する行政の活動は違法となる。比例原則や平等原則についても同様である。環境法に、それと同じ斬れ味の法原則があるのかというと、それはないのが現状である。

　テキストにおいては、持続可能な発展、環境公益の実現が議論される。

202

第10章　企業と環境法

汚染者支払原則（PPP）や拡大生産者責任（EPR）もある。これらはいずれも、考え方、法政策の誘導指針にすぎない。

(c) 環境法各論

　次に、環境法各論である。内容は教師によって多様であろうが、法科大学院の場合には、司法試験の際に配布される『司法試験用法文』に収録される10法（環境基本法、循環型社会形成推進基本法、環境影響評価法、水質汚濁防止法、大気汚染防止法、土壌汚染対策法、廃棄物処理法、容器包装に係る分別収集及び再商品化の促進等に関する法律、自然公園法、地球温暖化対策の推進に関する法律）が中心になるだろう。個別法の学習においては、[図表10.1] で示したモデルを意識することが重要である。

　環境法教師の悩みは、時間である。環境法は、4単位分がせいぜいである。合計約30回しかなく、10法のうちどれのどの部分を解説するかは、実に悩ましい。

5 　環境法のアプローチ

(1) 各種アプローチ

(a) 事後対応アプローチ

　環境規制は、事業者の企業活動の規制である。最終的には、財産権をいかにコントロールするかになってくる。そこでは、どのような理由でどれほどのコストを負担させるかが問題になる。歴史的にみれば、事後対応アプローチが優勢であった。

　水俣病が大きな社会問題になっていた当時、厚生省の公衆衛生局長は、「水俣湾のすべての魚介類が有害とわかるまでは規制はできない。」と主張した。今からみればそのおかしさは自明であるが、当時はそうしたことが堂々といえる時代であった。事後対応アプローチ、あるいは、それよりもひどい対応である。政府部内において、当時の通商産業省の力が相当に強かったことを推察させる。

203

第2部 事業者の意思決定への法的アプローチ

（b）未然防止アプローチ

　もちろん、こうした考え方は、現在では通用するはずはない。環境法は、水俣病をはじめとする不幸な歴史から学んで、基本的には、被害を発生させないように事前に対応することを原則としている。未然防止アプローチは、現代環境法の基調である。

　行政法の基本原理のひとつに、比例原則がある。何かを規制するときには、措置と効果の間にバランスが取れていないといけないし、必要性がなければならない。法律規制の場合には、経済活動とその影響との間にそれなりの因果関係があることについての科学的知見がなければならないのである。また、必要最小限の規制でなければならないことも要求される。過剰規制禁止の原則は、必要性の原則と並んで、比例原則の内容として知られている。

（c）予防アプローチ

　最近では、予防原則と称される考え方が欧米で語られ、日本でも論じられるようになっている。少なくとも日本では、法規範性を持つものではないため、予防アプローチとする。

　国内法の定義があるわけではないが、一般には、次のように理解されている。ひとたび問題が発生すれば、①それに伴う被害や対策コストが非常に大きくなる場合、②長期間にわたるきわめて深刻・不可逆的な影響をもたらす場合には、因果関係に関する科学的知見が十分になくても、費用対効果が大きな対策を講ずることが正当化される。

　リスク論のなかで、negative false, positive false という議論がある。前者は、「不確実であるという理由で不作為を選択した結果、実際には対応すべきであったために被害が発生すること」を意味する。不作為による誤りである。後者は、「不確実であるけれども作為を選択した結果、実際には対応する必要がなかったために被害が発生すること」を意味する。作為による誤りである。予防アプローチは、このうち negative false を回避する立場である。negative false のもとでの被害は、環境や健康に対するもので事後的に金銭補填できないけれども、positive false のもとでの被害は、個人の財産権に関

204

第10章 企業と環境法

するものであり事後的に金銭補填可能である。

　予防アプローチにもとづく対策には、情報提供の義務づけという手続的なものもあるし、影響がないとの立証がされないかぎり輸入禁止という実体的なものもある。前者の例として、「特定化学物質の環境への排出量の把握等及び管理の改善の促進に関する法律」（PRTR法）のもとでの第1種指定化学物質の届出義務や安全性データシート提供義務がある。後者の例として、特定外来生物法のもとでの未判定特定外来生物輸入許可制度がある。日本の環境法においても、基本的考え方として定着しつつある。

（2）民事法的対応と行政法的対応の相互作用による展開

　実定環境法の多くは、未然防止のために、環境負荷発生者に義務を課し、履行確保のための権限を行政庁に与えるというように、行政法としての特徴を持っている。しかし、環境法にとって民事訴訟が無意味であるというわけではない。

　昭和30〜40年代には、日照権訴訟が多く提起された。当時は十分な建築規制がなかったために、市街地の民家の横にビルが建築されたりすると、ほとんど日が当たらない状況が発生したのである。こうした訴訟の結果、建築基準法には日影規制という制度が導入され、それなりの対応がされた。それ以降、東京地裁においては、日照権訴訟の勝訴例はなくなったといわれている。裁判所は、建築基準法における規制基準を受忍限度と同じに考えているようである。

　水質に関しては、本州製紙江戸川工場から排出された汚水をめぐって浦安漁協の組合員漁民が工場になだれ込んで乱闘騒ぎが発生したこともあり、「公共用水域の水質の保全に関する法律」（水質保全法）、「工場排水等の規制に関する法律」（工場排水規制法）が制定された。これらは「水質二法」と称されるが、それが実施されていたなかで、水俣病が拡大していったのである。水俣病の原因となったチッソ水俣工場が排水をした水俣湾は、水質二法のもとで規制がされる水域ではなかった。水質二法の規制を及ぼそうとすれば、まず水域を指定しなければならないが、それがされていなかったのである。こ

205

第2部 | 事業者の意思決定への法的アプローチ

の仕組みの不備は、水俣病をめぐる訴訟の判決においても指摘されている。水質二法の後継法である水質汚濁防止法は、この教訓に学んで、指定水域制度を廃止し、全国の公共用水域のすべてが対象となるようにした。

このように、民事訴訟によって問題が社会化し、立法府が反応して行政法の仕組みがつくられる。もっとも、それは完璧ではありえないため、また紛争が発生し、行政法の仕組みが改善される。このように、民事法的対応と行政法的対応は、いわば「車の両輪」である。完璧な仕組みをはじめからつくるべきなのであるが、人智は完全ではない。民事訴訟は、環境法の発展にとって重要な意味を持っているのである。

(3) 自治体の対応と国の対応の相互作用による展開

環境法には、法律と条例がある。伝統的には法律の方が多かったが、環境問題が発生する現場は自治体にあるため、そこで先駆的に法的対応がされる。その条例が伝播し、多くの自治体で制定されるようになると、それが法律の制定に影響を与えることになる。

1980年代には、海や湖沼で富栄養化現象が大きな社会問題になった。琵琶湖、霞ヶ浦、瀬戸内海などでは、大きな漁業被害が発生したのである。そこで、滋賀県や茨城県が富栄養化防止条例を制定し、それが1984年の湖沼水質保全特別措置法制定につながっていく。こうした現象は、環境影響評価、動物愛護、空き家対策、景観保全など、多くの分野で確認できる。それなりの条例対応がされているのに法律が制定されていないものとして、残土規制があげられる。神奈川県、千葉県、大阪府などが制定しているが、リニア新幹線建設などで膨大な量の建設残土および産業廃棄物として建設汚泥が発生する。国家的プロジェクトへの対応には、法律が必要だろう。地方税としての産業廃棄物税は、三重県を嚆矢として、多くの県で制定されているが、国レベルの対応はない。

地方分権のメガ・トレンドのなかで、なるべく多くの決定権を自治体に委ねようという動きが進行中である。もちろん、全国統一的に対応すべき事項もあるが、これまで国で決定していたものが自治体で決定されるようになる。

環境法に精通した法曹は、自治体環境行政においても重要である。一般に、環境行政の現場職員は、法曹とのつきあいはない。法令解釈において疑義があった場合、以前であれば、中央省庁に照会をかけて回答を得ていた。しかし、法律にもとづく事務が自治体の事務となった現在、照会をしても、「それは自治体の事務なので、そちらでご判断ください。」というような回答しかされなくなってきている。自信を持った自主的法解釈をするにあたって、環境法曹への期待は大きい。

(4) 適切な環境保全水準に関する社会的合意

前述の国立市大学通りマンション事件においては、「何が良好な景観か。」が問題となった。問題となったマンションをどのように思うかは、人それぞれである。現地を訪問したことのある人に印象を聞くと、「それほどひどいとは思わない。」という意見が多いようである。自分の近所にもっとひどいマンションがあるという人もいる。地域の歴史を知らずにその場面だけを切り取ると、そのような受け止め方をするのはもっともである。

とりわけ景観規制の場合、2004年に景観法が制定され、景観行政団体となる自治体は、規制権限を行使できるようになった。その前提には、何が目標となる景観なのかについて、景観計画なり景観地区において、ある程度の合意をすることである。しかし、具体的な内容にしようとすればするほど、利害対立が鮮明になり、合意は困難になるのは経験則上明らかである。もっとも、非決定の状態が継続すれば規制がされないままになり、景観悪化が進行してしまう。合意形成とは諦めの集積であるが、地域のためにいかに「おとしどころ」を見つけるか。景観訴訟の情報に詳しい弁護士には、コーディネイターとしての役割も期待される。景観計画や景観地区を決定する際にはそれほどの具体性を持たせず、運用において、具体的に建築計画が予定されるその場所ごとに、即地的に合意された内容を確定していくという方法もあるだろう。

企業を取り巻く環境リスク

(1) いくつかの法的リスク

(a) 行政法的リスク

　企業活動は、多くの環境法リスクにさらされている。事業者の多くは、届出をしたり許可を得たりして操業をしている。とりわけ第2次産業に顕著である。工場や事業場は、水質汚濁防止法、騒音規制法、廃棄物処理法などの法定の基準に違反すれば、改善命令や措置命令といった不利益処分を受ける羽目になる。そうしたリスクをいくつかの角度から整理しよう。

　第1は、行政法リスクである。廃棄物処理法は、遵守が相当難しい。換言すれば、違反しやすい法律である。また、他の環境法の違反が廃棄物処理法の許可取消事由になるなど、同法だけを考えているのでは不十分になっている。かつて、大手製鉄会社のある工場が、水質汚濁防止法の排水基準遵守義務違反をした。製鉄所場内には、産業廃棄物を原料として燃やしている施設があり、これは、廃棄物処理法のもとでの産業廃棄物処理施設の許可を受けている。かりに水質汚濁防止法違反として立件され、法人が両罰規定にもとづいて起訴されて略式処分であっても有罪となった場合には、それが許可の取消事由になる。許可は、製鉄会社が取得しているが、水質汚濁防止法違反をした工場にある許可施設だけではなく、それ以外の全国にある同種施設の許可も取り消される。まさに「一石多鳥」となる。実際には、起訴猶予となったために許可取消しはされなかったのであるが、ひとつ間違えばそうした結果になりうるリスクを、企業の側は負っているのである。

(b) 刑事法的リスク

　企業は法人であるから、両罰規定の対象となる。通常は、自然人と同じ罰金額であるが、最近では、法人重科がされる傾向にある。廃棄物処理法についていえば、不法投棄の場合、自然人なら「5年以下の懲役又は1千万円以下の罰金」のところ、法人は3億円以下となっている。

(c) 会社法的リスク

会社法的リスクとして指摘できるのは、株主代表訴訟である。事業活動の
なかで不法投棄をしたために原状回復命令を出され、その履行のために莫大
な出費がされた場合、環境保護派の株主が取締役の個人責任を追及すること
がある。最近では、元取締役および死亡した元取締役の遺族らに対して総額
842億1,470万円の会社への支払いを命じた、四日市市の石原産業事件が有
名である（大阪地判平成24年6月29日LEX/DB25482733）。

(2) 企業の法的リスク感覚

こうしたリスクが自覚的に認識されているかというと、必ずしもそうでは
ないように思われる。大企業ならば大丈夫かというと、そういうわけでもない。

前述のように、廃棄物処理法は違反しやすい環境法である。あるところで、
産業廃棄物の排出事業者に対して、処理状況についてのアンケートをとっ
たことがある。現実にしている対応を答えてもらったのであるが、多くの
企業の回答は、廃棄物処理法違反の内容（例：産業廃棄物管理票（マニフェス
ト）を処理業者に代行記入してもらっている、書面にする契約書を交わしていない）
であった。何が従うべき法令であり何をすれば違反になるのかが、担当者に
おいても徹底されていない。環境に対する社会の認識が高まれば高まるほど、
違反はスキャンダルになる。この点で、弁護士がコンサルティングをして、
法令のもとで遵守が求められる事項をわかりやすく伝える必要性はかなり高
い。

7 自治体環境行政の実情

(1) 法的権限と自治体環境行政

分権改革は、環境法にも大きな影響を与えうる。現在のところ、きわめて
不十分な展開しかないが、長期的にみれば、ますます多くの決定権限が、自
治体に移譲されるようになる。

業界団体は別にして、個別企業が対応する「行政」といえば、それは都道

第2部 事業者の意思決定への法的アプローチ

府県であり政令市であろう。現在でも、多くの環境法は、「都道府県知事は」という主語を規定し、都道府県に事務を命じている。

　自治体は、現場を抱えている。住民からのさまざまな要望に対し、法律の適用によって対応するのが基本であるが、対応しきれない場合には、行政指導で対応せざるをえない。自治体職員には、法律の使用を回避するという傾向がある。命令を発出すべきであるのにそれをせずに行政指導を継続するとか、法律にもとづく申請をさせないで行政指導で取り下げを求めるというような実務がみられる。「公式化」を避けるのである。

(2) 行政手続法制と自治体環境行政

　行政が法律や条例を適用するにあたり、行政手続法・行政手続条例は、権限の適法な行使のためにきわめて重要な意味を持っている。ところが、その内容どころか、そもそも存在することを知らない自治体職員は多い。法律にもとづく申請を行政に出しにいく事業者は、職員が行政手続法制を知っていて当然と思っている。事業者の目からみれば、それを知らない職員というのは、「道路交通法を知らないタクシー運転手」のように映るのである。法治主義の観点からは、きわめて危ない状態が常態化しているのが行政現場である。

　もっとも、事業者の側は、「行政とケンカしていいことは何ひとつない」と考えるのが通例である。不合理を超えて違法な行政対応がされていても、是正の機会がないままに事業者が泣き寝入りしているケースが多くある。環境行政の現場も、その例外ではない。

　司法試験で行政法が必修化されたため、新しく法曹になった人たちの行政法リテラシーは、相当に高くなっている。許可申請書が提出されているのに周辺住民の同意書が添付されていないという理由でこれを返戻するとか、許可にあっての審査基準の開示が求められているのに内規であるという理由でこれを拒否するとか、行政指導内容を書面で交付するよう求められているのに面倒だという理由でこれを拒否する。これらはすべて違法な対応である。残念ではあるが、行政手続法制のメガネで行政実務をみれば、相当に多くの問題事例を発見することができるのが実情である。

（3）分権改革と自治体環境行政

　法律専門家によるリーガルサービスのニーズは、行政現場に多くある。自治体環境行政もその例外ではない。分権時代の自治体には、分権改革により拡大した権限を最大限に発揮して、地域のまちづくりをする責務があるが、その際に適切な法的アドバイスができるようになっていればよい。筆者は、環境条例を読む機会が多いが、適法性に疑いがあるものも少なからずある。立案担当者において行政法の知識が不足していることが主たる原因であると思われる。環境法コンサルティングのニーズは大きいという心証を持っている。

8 環境法コンサルティング

（1）対企業

　企業に対する環境法コンサルティングの大きな2つの分野は、ストック型リスク管理としての土壌汚染対策とフロー型リスク管理としての廃棄物処理対策である。この2つに通暁する弁護士には、相当のビジネスチャンスがある。土壌汚染についても廃棄物についても、民事事件や行政事件に関する判決が多く出ている。公害等調整委員会の裁決もある。

　すでに所有・管理している土地について、どの程度の浄化でよいのか、今後取得する土地についてはどのような調査を求めるべきなのか、瑕疵担保責任を含んだ取引契約はどのような条文にすべきなのかなど、裁判例の蓄積を踏まえて議論する必要がある。細かいところにまで目配せをしなければ、思わぬ地雷を踏んでしまうような危うさがある。

　廃棄物、とりわけ産業廃棄物の処理については、廃棄物処理法違反が発生しやすい。このため、排出事業者に対しては、その法的責任を踏まえたアドバイスが重要である。違反した後では遅い。排出事業者が自ら不法投棄をすることは、一般には少ない（産業廃棄物としての木くずを排出する解体業者による不法投棄はなお多い）。しかし、マニフェストを適切に交付していなかったり、送付の遅れに対して適切に措置を講じていなかったりすれば、委託先

で発生した不法投棄の原状回復責任を負わされる場合がある。自分が手を下してはいないものの、委託した処理業者の違法行為の後始末が命じられるのである。処理の委託契約は民事契約であるが、その履行の過程で発生した事件について、一方当事者である排出事業者の行政法的責任を問うような仕組みが廃棄物処理法に制度化されているのである。

宅急便に荷物を預けたとき、その荷物が今どこにあるとか配送が完了したといった情報は、パソコンで確認できる。これは、配送業者のサービスであり、荷主として、それを確認する法的義務があるわけではない。ところが、廃棄物処理法は、処理を委託している業者の施設が適切に操業しているのかどうかをチェックせよと命じている。処分がされたことを証するマニフェストが期間内に送付されなかった場合には「どうなっているのか。」と処理業者に確認して適切な措置をとれとも命じている。こうしたことは、通常の民事契約にはない。

処理業者についても、廃棄物処理法は、処理業者自身にとって理解が相当に困難な規定を設けている。それゆえに、環境法コンサルティングのニーズは高い。

(2) 対行政
(a) 法治主義感覚に欠ける自治体行政への対応

環境行政に限定されないが、事業者が相対する自治体行政には、法治主義感覚に欠ける運用を平然としている場合がある。周辺住民の同意書を添付しなければ申請を認めないというように、事業者の申請権を侵害するといった実務である。前述のように、行政手続法制の認知度は低い。

もちろん、こうした実務がされるのには、何らかの理由がある。それが正当なものであるとすれば、適法な法制度の構築によって目的を実現できるよう、法制度設計のアドバイスをすることも、環境コンサルティングの大きな分野である。そのためには、行政法の理解はもちろん、自治体環境行政の実情についても相当に通暁している必要がある。

第10章　企業と環境法

（b）法律が不備ならば自治体が「法」をつくる

　地域課題の解決のためには法律が不十分であるという場合もある。国がつくる法律においては、自治体の事務が規定され、行政庁に権限が与えられている。しかし、権限行使の現場における課題のすべてを予測して法律が制定されるわけではない。法律は、必然的に不完全なものとなる。そこで、自治体は、「法」すなわち条例を制定したり、個別事業者と協定を締結したりして、拘束力のある規範を創出するのである。また、法律の条文が曖昧な場合に、自らの法解釈によりこれを具体化し、それを行政手続法にもとづく審査基準や処分基準として明確にして公にする場合もある。

　同意制については前述した。こうした行政実務がされるのは、ひとつには、「住民の不安」への対応をする仕組みが法律では規定されていないからである。不安当事者の同意を取得せよというのは、究極の不安対策である。しかし、同意とは、瞬間最大風速である。ハンコをつく瞬間には不安はなくなっているのかもしれないが、よくよく考えると不安が増大することもある。同意があれば、「皆さんは同意したでしょう。」として、行政は、それ以降の住民の声に耳を傾けない。

　同意の取得には、相当のコストを要する。本来、行政がそうした調整をする役割を演じるべきであるが、そのコストを事業者に負担させているのである。基準が十分という前提であるが、これに適合する施設であっても住民の主観的判断（不同意）によって設置が不可能になる仕組みは、比例原則に照らして違法である。

（c）行政ドックの発想

　私たちは、一定年齢に達すると、人間ドックに入って、健康状態をチェックしてもらう。これにヒントを得て、行政版のドックを提案している。環境行政であろうが福祉行政であろうが、根拠法にもとづく行政運用が適法にされているかどうかを、行政法の一般理論や行政手続法の観点から診査し、違法行為の早期発見・早期是正をするのである。最初に導入したのは静岡市であり、その後、流山市が実施している。さらに、いくつかの自治体が試行中

213

第2部｜事業者の意思決定への法的アプローチ

である。

　司法試験に合格したかどうかを問わず、法科大学院を修了した人が行政職員となる例が増えてきている。法科大学院でトレーニングを受けた人には、「法的にものを見る眼」が備わっている。行政法運用の危うさをそうした眼でみて自己改善につなげることができればよい。

(3) 対コンサルタント

　環境コンサルタントは、多く存在している。スタッフのバックグラウンドは、いわゆる理系出身者が大半といってよい。法学系は少ないように感じる。その弊害は、発注者の注文に対して法的観点からの評価を欠いた成果物が生まれることに現れる。

　アメリカでも環境コンサルタントは多くあるが、そこには、相当の数の弁護士が在籍している。実定環境法の解説書の執筆者は、ほとんどがそうした組織に属する弁護士である。

　解説書は、学問的な議論をするものではない。研究者が執筆すると、実務家にとっては「余計なこと」が書かれる可能性が高い。弁護士は、現場ニーズに適合した情報ソースとしての解説書の執筆者としては最適である。

9　環境法の発展をサポートする企業的視点

　環境法過程において、企業は、「規制される側」として登場することが多い。しかし、そればかりではない。環境法の発展にとって、企業は実に重要な存在である。

　「濫開発」という言葉がある。その定義は多様であるが、「適法開発の結果」という定義も可能である。規制基準に違反した行為は許可されることはない。それが完成したのは、それが適法だったからである。要するに、規制が緩かったのである。企業は、環境法の不十分さを気づかせる役割を演じることができる。

　逆説的な表現になるが、企業が自分たちの財産権を最大限発揮する行動を

214

第10章　企業と環境法

することは、より佳き環境法の実現のために重要である。問題が発生してはじめて法的規制の必要性が理解されるからである。皮肉な表現をすれば、企業は環境法発展の功労者ということになる。冒頭に紹介した国立市大学通りマンション事件においては、地区計画条例をもう少し早くに制定できていれば、建築は防止できたのである。20mの建築制限を含む地区計画条例が施行されたのは、本件マンションの建築工事開始後であった。紛争の原因となったマンションは建築されたが、「第2の事件」の発生は防止できるようになっている。また、本件マンションは、建替時には20mの制限に服さなければならない。区分所有者間の合意形成は、相当に困難だろう。

　一般に、行政は、今日のことで頭が一杯で明日のことまで考えられない。紛争が発生してから法規制の不備に気づくのが通例である。しかし、それを繰り返してばかりいるのでは、住民の信託に応えられない。行政は、「利益至上主義の企業ならどのように行動するか。」という視点を持って、先手を打った規制システムを整備するようにしなければならない。それにあたっては、環境法に精通した弁護士の力が是非とも必要である。

10　上智大学法科大学院における環境法教育

(1) 法学部地球環境法学科を基礎にした展開

　最後に、上智大学における「企業と環境法」について説明したい。上智大学法学部には、日本で唯一の環境法に特化した教育組織である地球環境法学科が設置されている。しかし、これは、あくまで学部教育であり、実務との関係をそれほど意識したものではない。上智大学では、その教育リソースをいかして、法科大学院において、多くの環境法科目を展開している。学問と実務の架橋が法科大学院の存在意義であるため、こちらにおいては、実務を相当に意識した授業がなされている。とりわけ、企業環境法に着目しているのが、大きな特徴である。

　なお、大学院レベルには、ほかにも地球環境学研究科が設置されている。これは、経済学、経営学、社会学など、環境問題に対して学問分野横断的な

215

第2部 事業者の意思決定への法的アプローチ

アプローチをする教育・研究組織である。

(2) 法科大学院生が環境法を学ぶ意義

　法科大学院入学説明会では、「環境法にはどういう可能性があるのか。」という趣旨の質問がされることが少なくない。水俣病に代表されるような激甚型の環境問題は減っている（もっとも、問題はより複雑化しているが）から、環境法を学んで何になるのかと疑問に思うのは当然であろう。

　そうした質問に対して私が指摘するのは、企業の環境法コンサルティングが重要になるという点である。環境法違反が企業に与えるダメージは大きい。違反の処理ではなく、違反をしないような体制整備をするにあたって、法律実務家の役割はきわめて大きいと考えている。「知らなかったではすまされない。」のであるが、現実には、環境法規の内容は、企業担当者に浸透していない。昔から在職しているベテラン社員が退職したら、その知見を引き継ぐ後輩社員はいないというのは、めずらしくない実情である。

(3) 環境法カリキュラム

　法科大学院は、法律実務家の養成という社会的使命を負っている。日本最多の環境法専任教員を擁する上智大学法科大学院では、とりわけ、企業の環境法コンプライアンスを意識した授業やイベントが展開されている。2004年の発足から10年以上を経過して、その教育カリキュラムには変化がある。2018年度現在のものを示すと、［図表10.2］にあるように16科目である。法学部科目についても、［図表10.3］にまとめておこう。19科目が提供されている。

(4) 正課外のプログラム

　環境法を得意分野のひとつにしようと考えている法科大学院生に対しては、実際に環境法務に従事する弁護士をみせるのが効果的である。環境法事件を多く扱っている弁護士事務所へのエクスターンシップ派遣のほかに、上智大学法科大学院では、多様なセミナーを開催し、スピーカーとして多くの

第10章 企業と環境法

[図表10.2] 上智大学法科大学院の環境法科目

環境法基礎	環境法政策	環境訴訟
自然保護法	環境リスクマネジメント	環境刑法
まちづくり法と実務	環境法と実務	国際環境法
企業環境法	比較環境法	環境法の現代的課題
廃棄物・リサイクル法	環境法リーガルクリニック	環境法臨床演習Ⅰ、Ⅱ

[図表10.3] 上智大学法学部の環境法科目

環境法入門	環境法総論	環境法各論
環境訴訟法	自然環境法	国際環境法
廃棄物・リサイクル法	企業環境法	環境刑法
アジア環境法	ヨーロッパ環境法	アメリカ環境法
比較環境法	エネルギーと法	自治体環境法
環境社会学	企業環境マネジメント論	環境問題特殊講義
環境法特殊講義		

環境法弁護士をお招きしてきた。運営は、上智大学法科大学院環境法政策プログラム（Sophia Environmental Law and Policy Program, SELAPP）が行っている。過去の実績は、ウェブサイト（http://www.sophialaw.jp/environment/）でみることができる。

〔付記〕本稿の初出は、弁護士を対象とする講演記録として口語体であったが、書き改めた。

217

◆初出一覧◆

第1章 「公害」と相隣紛争──「相当範囲」を考える
　　上智法学論集59巻2号（2015年10月）93〜102頁

第2章 行政の環境配慮義務と要件事実
　　伊藤滋夫（編）『環境法の要件事実』（日本評論社、2009年3月）91〜106頁

第3章 搬入事前協議制度の意義と課題
　　いんだすと29巻10号（2014年10月）2〜6頁

第4章 環境大臣の「重み」──環境影響評価法23条意見と許認可処分
　　礒野弥生＋甲斐素直＋角松生史＋古城誠＋德本広孝＋人見剛（編）『現代行政訴訟の到達点と展望』（日本評論社、2014年2月）296〜315頁

第5章 ABS国内措置
　　環境法政策学会（編）『生物多様性と持続可能性』（商事法務、2017年3月）31〜42頁

第6章 行政罰・強制金
　　礒部力＋小早川光郎＋芝池義一（編）『行政法の新構想II 行政作用・行政手続・行政情報法』（有斐閣、2008年12月）131〜159頁

第7章 行政の実効性確保制度
　　現代行政法講座編集委員会（編）『現代行政法講座I　現代行政法の基礎理論』（日本評論社、2016年12月）197〜229頁

第8章 環境法規制の仕組み
　　高橋信隆＋亘理格＋北村喜宣（編著）『環境保全の法と理論』（北海道大学出版会、2014年4月）128〜145頁

第9章 環境行政組織──対等な統治主体同士の適切な役割分担の検討
　　環境法政策学会（編）『環境基本法制定20周年：環境法の過去・現在・未来』（商事法務、2014年3月）68〜84頁

第10章 企業と環境法
　　東京弁護士会弁護士研修センター運営委員会（編）『平成21年度秋季弁護士研修講座』（商事法務研究会（2010年12月）

◆索　引◆

A–Z

ABS ・・・・・・・・・・・・・・・・・・・・・・・・・ 68
ADR ・・・・・・・・・・・・・・・・・・・・・・・・・ 12
MAT ・・・・・・・・・・・・・・・・・・・・・・・ 72
PIC ・・・・・・・・・・・・・・・・・・・・・・・・・ 72

あ

アカウンタビリティ ・・・・・ 81, 141, 142
空家法・・・・・・・・・・・・・・・・・・・・・・ 125
悪臭防止法・・・・・・・・・・・・・・・・・・ 158
足立区老朽家屋条例・・・・・・・・・・・ 133

い

石原産業事件・・・・・・・・・・・・・・・・ 209
出雲市ポイ捨て禁止条例・・・・・・・ 103
遺伝資源・・・・・・・・・・・・・・・・・・・・・ 68
インセンティブ・・・・・・ 77, 86, 91, 162

う

上書き・・・・・・・・・・・・・・・・・・・ 175, 190
上乗せ・・・・・・・・・・・・・・・・・・・・・・ 190

お

横断条項・・・・・・ 16, 26, 30, 48, 57, 180
汚染者支払原則・・・・・・・・・・・ 166, 203
小田急線高架事業事件・・・・・・・・・・ 21
温室効果ガス排出量取引・・・・・・・・ 154

か

閣議アセス・・・・・・・・・・・・・・・・・・・ 50
拡大生産者責任・・・・・・・・・・・・・・・ 203

確認の利益・・・・・・・・・・・・・・・・・・ 123
課徴金・・・・・・・・・・・・・・ 106, 115, 162
可罰性・・・・・・・・・・・・・・・・・・・・・・・ 97
過料・・・・・ 11, 88, 93, 104, 108, 134, 135
カルタヘナ議定書・・・・・・・・・・・・・ 69
カルタヘナ法・・・・・・・・・・・・・・・・・ 69
環境影響評価条例・・・・・・・・・・・・・ 31
環境影響評価法 ・・ 16, 30, 46, 48, 52, 200
環境NPO ・・・・・・・・・・・・・・・ 177, 187
環境価値・・・・・・・・・・・・・・・・・・・・・ 16
環境基準・・・・・・・・・・・・・・・・・・・・ 159
環境基本計画・・・・・・・・・・・・・ 26, 179
環境基本条例・・・・・・・・・・・・・・・・・ 25
環境基本法・・・ 4, 9, 18, 23, 76, 159, 162,
　167, 178, 200
環境権・・・・・・・・・・・・・・・・・・・ 23, 202
環境公益・・・・・・・・・・・・・・ 24, 26, 169
環境大臣・・・・・・・・・・・・・・・・・・・・・ 46
環境大臣意見・・・・・・・・・・・・ 49, 52, 65
環境配慮・・・・ 16, 26, 50, 57, 61, 65, 180,
　186, 200
環境犯罪・・・・・・・・・・・・・・・・・・・・・ 97
環境法コンサルティング・・・・・・・ 211
環境リスク・・・・・・・・・・・・・・・・・・ 208
環境倫理・・・・・・・・・・・・・・・・・・・・・ 44
勧告・・・・・・・・・・・・ 43, 80, 154, 164
間接強制・・・・・・・・・・・・・・・・・・・・ 114
間接的アプローチ・・・・・・・・・・・・・ 134
観念の通知・・・・・・・・・・・・・・・・・・・ 39
関与・・・・・・・・・・・・・・ 50, 57, 80, 183

き

機関委任事務・・・・・・・ 94, 113, 146, 178

機関委任事務制度・・・・・・・・・・・・ 25

希少種保存法・・・・・・・・・・・・・・・・・ 157

規制基準・・・・・・・・・・・・・・・・・・・・・ 160

起訴裁量・・・・・・・・・・・・・・・・・・・・・ 101

揮発性有機化合物規制・・・・・・・・・・ 90

基本的考え方・・・・・・・・・・・・・・・・・ 202

義務づけ・枠づけの撤廃・緩和・・ 183

義務不存在確認訴訟・・・・・・・・・・・・ 123

義務履行確保・・・・・・・・・・・・・・・・・・ 86

旧浦安町ヨット係留杭撤去事件・・ 131

給水拒否・・・・・・・・・・・・・・・・・・・・・ 144

強制・・・・・・・・・・・・・・・・・・・・・・・・・ 153

強制アプローチ・・・・・・・・・・ 154, 168

強制金・・・・・・・ 86, 99, 105, 127, 136

強制手法・・・・・・・・・・・・・・・・・・・・・ 161

強制徴収・・・・・・・・・・・・・・・・・・・・・ 115

行政強制・・・・・・・・・・・・・・・・ 87, 127

行政刑罰・・・・・・・・・ 88, 89, 103, 134

行政事件訴訟法・・・・・・・・・・・・・・・・ 16

行政執行法・・・・・・・・・・・・・・・ 87, 100

行政指導・・・・・・・・ 37, 44, 145, 154

行政従属的・・・・・・・・・・・・・・・・・・・・ 90

行政措置・・・・・・・・・・・・・・・・・・・・・・ 78

行政代執行法・・・・・・・ 88, 106, 115, 124

行政手続法・・・・ 137, 146, 164, 210, 212

行政ドック・・・・・・・・・・・・・・・・・・・ 213

行政の環境配慮義務・・・・・・・・・ 18, 31

行政の環境配慮審査義務・・・・・・・・ 29

行政の失敗・・・・・・・・・・・・・・・・・・・・ 96

行政罰・・・・・・・・・・・・・・・・・・・ 86, 134

行政命令前置制・・・・・・・・・・・・・・・ 100

協定・・・・・・・・・・・・・・・・・・・・・・・・・ 165

許可・・・・・・・・・・・・・・・・・・・・・・・・・・ 47

緊急安全措置・・・・・・・・・・・・・・・・・ 133

緊急避難・・・・・・・・・・・・・・・・・・・・・ 131

金融商品取引法・・・・・・・・・・・・ 92, 106

く

釧路市産廃処分場事件・・・・・・・・・・ 19

国立市大学通りマンション事件・・・ 26,
　176, 194, 215

国と自治体の適切な役割分担・・・・・ 69,
　170, 173, 179, 181, 189

クリアリングハウス・・・・・・・・・ 72, 76

訓示規定・・・・・・・・・・・・・・・・・・ 43, 161

け

景観法・・・・・・・・・・・・・・・・・・・・・・・ 207

経済手法・・・・・・・・・・・・・・・・・・・・・ 162

警察官・・・・・・・・・・・・・・・・・・・・・・・ 139

刑事訴訟法・・・・・・・・・ 89, 94, 97, 143

刑法・・・・・・・・・・・ 89, 94, 102, 134

原因者負担・・・・・・・・・・・・・・ 106, 167

原因者負担金・・・・・・・・・・・・・・・・・ 132

県外産廃流入抑制・・・・・・・・・・・・・・ 43

権限移譲・・・・・・・・・・・・・・・・・・・・・ 182

原告適格・・・・・・・・・・・・・・・・・・・・・・ 22

建築基準法・・・・・・・・・・・・・・・・・・・ 106

厳罰化・・・・・・・・・・・・・・・・・・・・・・・ 100

権利利益防衛参画・・・・・・・・・・・・・ 169

こ

合意手法・・・・・・・・・・・・・・・・・・・・・ 165

公害・・・・・・・・・・・・・・・・・・・・・・ 4, 159

公害対策基本法・・・・・・・・・・・・・・・・ 6

公害等調整委員会・・・・・・・・・・・ 5, 184

220

公害紛争処理法・・・・・・・・・・・・・・・ 4, 7, 9	事務処理特例条例・・・・・・・・・・・・・ 182
航空法・・・・・・・・・・・・・・・・・・・・・・ 47, 65	受益者負担・・・・・・・・・・・・・・・・・・・ 167
交渉による行政・・・・・・・・・・・・・・・ 133	主権的権利・・・・・・・・・・・・・・・・・・・・ 70
工場排水規制法・・・・・・・・・・・・・・・ 205	主張立証責任・・・・・・・・・・・・・・・ 28, 30
公表・・・・・・・・・・・・・・・・ 37, 43, 164	準委任契約・・・・・・・・・・・・・・・・・・・ 133
公法上の当事者訴訟・・・・・・・・・・・ 129	商品先物取引法・・・・・・・・・・・・・・・・ 92
公有水面埋立法・・・・・・・・ 29, 180, 197	情報収集手法・・・・・・・・・・・・・・・・・ 168
国土交通大臣・・・・・・・・・・・・・・・・・ 47	情報手法・・・・・・・・・・・・・・・・・・・・・ 164
国内措置・・・・・・・・・・・・・・・・・・・・・ 69	消防法・・・・・・・・・・・・・・・・・・・・・・・ 91
告発・・・・・・・・・・・・・・・・・・・・・・・・ 96	条理・・・・・・・・・・・・・・・・・・・ 20, 131
	条例・・・ 37, 94, 122, 126, 135, 145, 175,
	180, 184, 189
さ	処分基準・・・・・・・・・・・・・・・・・・・・・ 145
罪刑均衡・・・・・・・・・・・・・・・・・・・・・ 135	処分性・・・・・・・・・・・・・・・・・・・・・・ 160
債権・・・・・・・・・・・・・・・・・・・・・・・・ 129	処分等の求め・・・・・・・・・・・・・・・・・ 141
産業廃棄物・・・・・・・・・・・・・・・・・・・ 36	人為起源性・・・・・・・・・・・・・・・・・・・・ 6
サンクション・・・・・・・ 37, 78, 122, 161	新石垣空港航空法免許取消請求事件・・ 47
	人格権・・・・・・・・・・・・・・・・・・・・・・ 196
し	森林法・・・・・・・・・・・・・・・・・・・・・・・ 29
事業手法・・・・・・・・・・・・・・・・・・・・・ 166	
事後対応アプローチ・・・・・・・・・・・ 203	**す**
自主規制・・・・・・・・・・・・・・・・・・・・・ 79	水源地の保護・・・・・・・・・・・・・・・・・ 41
自然環境保全法・・・・・・・・・・・・・・・ 167	水質二法・・・・・・・・・・・・・・・・・・・・ 205
自然公園法・・・・・・・・・・・・・・ 107, 167	水質汚濁防止法・・・・・・・・・・・・・・・ 90
事前協議・・・・・・・・・・・・・・・・・・・・・ 36	水質保全法・・・・・・・・・・・・・ 156, 205
実効性・・・・・・・・・・・・・・・・・・・・・・ 118	水道法・・・・・・・・・・・・・・・・・・・・・・ 144
実効性確保・・・・・・・・・・・・・・・・・・・ 120	スソ切り・・・・・・・・・・・・・・・・・・・・ 158
実体規制・・・・・・・・・・・・・・・・・・・・・ 153	
実地確認義務・・・・・・・・・・・・・・・・・ 43	**せ**
指定水域制・・・・・・・・・・・・・・・・・・・ 157	税 ・・・・・・・・・・・・・・・・・・・・・・・・ 162
司法制度改革・・・・・・・・・・・・・・・・・ 186	制裁的公表・・・・・・・・・・・・・・・・・・・ 136
市民参画・・・・・・・・・・・・・・・・・・・・・ 176	正当の理由・・・・・・・・・・・・・・・・・・・ 144
市民参画手法・・・・・・・・・・・・・・・・・ 169	生物多様性基本法・・・・・・・ 76, 178, 180
市民訴訟・・・・・・・・・・・・・・・・・・・・・ 186	生物多様性条約・・・・・・・・・・・・・・・・ 68
事務管理・・・・・・・・・・・・・・・・・・・・・ 131	

瀬戸内海環境保全特別措置法・・・・ 180

そ

騒音規制法・・・・・・・・・・・・・・・・・・ 90
相当範囲・・・・・・・・・・・・・・・・・・・・ 4
総量規制・・・・・・・・・・・・・・・・・・・・ 90
相隣関係・・・・・・・・・・・・・・・・・・・・ 6
即時強制・・・・・・・・・・・・・・・・・・・ 127
即時執行・・・・・・・・・・・・・・・・・・・ 129
組織犯罪処罰法・・・・・・・・・・ 102, 168
損失補償・・・・・・・・・・・・・・・・・・・ 167

た

ダイオキシン法・・・・・・・・・・・・・・・ 168
大気汚染防止法・・・・・・・・・・ 90, 158
ダイバージョン・・・・・・・・・・・・・・ 102
宝塚市パチンコ店規制条例事件・・ 114
他事考慮・・・・・・・・・・・・・・・・・・・ 24
多治見市是正請求手続条例・・・・・ 141
立入検査・・・・・・・・・・・・・・・・・・・ 183
伊達火力発電所事件・・・・・・・・・・・ 176

ち

地区計画・・・・・・・・・・・・・・・・・・・ 215
秩序罰・・・・・・・・・・・・・・・・・・ 93, 134
地方自治の本旨・・・・・・・・・・・・・・ 175
地方自治法・・・・・・・・・・・・・・ 135, 176
地方分権・・・・・・・・・・・・・・・ 114, 206
調整手法・・・・・・・・・・・・・・・・・・・ 167
聴聞・・・・・・・・・・・・・・・・・・・・・・ 137
調和条項・・・・・・・・・・・・・・・・・・・ 156
直接強制・・・・・・・・・・・・・・・・ 88, 127
直接的アプローチ・・・・・・・・・・・・ 124
直罰制・・・・・ 42, 90, 100, 157, 161, 169

千代田区生活環境整備条例・・・ 98, 142

つ

通告処分・・・・・・・・・・・・・・・・・・・ 109

て

ディスインセンティブ・・・・・・・・・ 162
手続規制・・・・・・・・・・・・・・・ 153, 168
手続的統制方式・・・・・・・・・・・・・・ 21

と

同意制・・・・・・・・・・・・・・・・・・・・ 213
東京都火災予防条例・・・・・・・・・・・ 138
東京都環境影響条例・・・・・・・・・・・ 200
東京都環境確保条例・・・・・・・ 10, 154
東京都公害防止条例・・・・・・・・・・・ 10
徳島市公安条例事件・・・・・・・・・・・ 145
独占禁止法・・・・・・・・・・・・・・・・・ 106
特別司法警察職員・・・・・・・・・・・・ 111
独立条例・・・・・・・・・・・・・・・・・・・ 146
都市計画法・・・・・・・・・・・・・・・・・ 181
土壌汚染対策法・・・・・・・・・・・・・・ 90
土壌状況調査・報告義務・・・・・・・・ 90
土地基本法・・・・・・・・・・・・・・・・・ 178
土地収用法・・・・・・・・・・・・・・・・・ 20
鞆の浦世界遺産事件・・・・・・・ 180, 197

な

名古屋議定書・・・・・・・・・・・・・・・・ 68
ナショナル・スタンダード・・・・・・ 181
ナショナル・ミニマム・・ 179, 181, 185

に

二重処罰の禁止・・・・・・・・・・・・・・ 92

日光太郎杉事件‥‥‥‥‥‥‥‥ 20
日数加算制‥‥‥‥‥‥‥‥‥‥ 101
任意‥‥‥‥‥‥‥‥‥‥‥‥‥ 153
任意アプローチ‥‥‥‥‥‥ 154, 161

は

バイオテクノロジー‥‥‥‥‥ 69
廃棄物処理法‥36, 91, 92, 100, 113, 134,
　144, 157, 160, 164, 166, 196, 208, 211
犯罪収益没収‥‥‥‥‥‥‥ 102, 168
反則金‥‥‥‥‥‥‥‥‥‥‥ 109
搬入事前協議制度‥‥‥‥‥‥ 36
判例法理‥‥‥‥‥‥‥‥‥‥ 21

ひ

非訟事件手続法‥‥‥‥ 94, 105, 135
非申請型義務付け訴訟‥‥‥‥ 141
評価根拠事実‥‥‥‥‥‥‥ 17, 28
評価書‥‥‥‥‥‥‥‥‥‥‥ 48
評価障害事実‥‥‥‥‥‥‥ 28, 33
評価的要件‥‥‥‥‥‥‥ 17, 28, 32
平等原則‥‥‥‥‥‥‥‥‥ 96, 202
非リンク型条例‥‥‥‥‥‥‥ 146
比例原則‥‥‥ 21, 92, 94, 104, 107, 109,
　128, 130, 135, 145, 157, 199, 202, 204

ふ

不誠実条項‥‥‥‥‥‥‥‥‥ 40
フル装備条例‥‥‥‥‥‥‥‥ 147
プロセスを通じた制裁‥‥‥‥‥ 97
分権改革‥‥‥ 94, 126, 170, 172, 178, 183,
　189, 209
分担管理原則‥‥‥‥‥‥ 55, 61, 114

へ

並行権限‥‥‥‥‥‥‥‥‥‥ 183
ベスト・ミックス‥‥‥‥‥‥‥ 190

ほ

法人重科‥‥‥‥‥ 92, 100, 143, 208
放置違反金‥‥‥‥‥‥‥‥ 93, 111
法治主義‥‥‥ 10, 17, 33, 38, 44, 120, 137,
　141, 142, 146, 164, 202, 212
法定計画‥‥‥‥‥‥‥‥‥‥ 180
法定自治体事務‥‥‥‥ 113, 122, 143, 174,
　179
法律実施条例‥‥‥‥‥‥‥‥ 147
北海道砂利採取条例事件‥‥‥‥ 184
本案審査‥‥‥‥‥‥‥‥‥‥ 16

み

未完の法律改革‥‥‥‥‥‥‥ 115
未遂犯‥‥‥‥‥‥‥‥‥‥‥ 134
未然防止アプローチ‥‥‥‥‥‥ 204
水戸市産業廃棄物最終処分場事件‥‥196
民事訴訟‥‥‥‥‥‥‥‥ 196, 206
民事保全手続‥‥‥‥‥‥‥‥ 129
民主主義‥‥‥‥‥‥‥‥‥‥ 120
民主的手続‥‥‥‥‥‥‥‥‥ 26

め

命令前置制‥‥‥‥‥‥‥‥ 90, 161

ゆ

誘導手法‥‥‥‥‥‥‥‥‥‥ 161
優良性基準適合処理業者制度‥‥‥ 42

223

よ

要件事実・・・・・・・・・・・・・ 17, 26, 30, 32
要綱・・・・・・・・・・・・・・・・ 37, 78, 145
横出し・・・・・・・・・・・・・・・・ 180, 190
横浜市環境影響評価条例・・・・・・・ 200
予防アプローチ・・・・・・・・・・・・・ 204

り

リオ宣言・・・・・・・・・・・・・・・・・ 176
リソース・・・・・・・ 97, 101, 136, 139, 159
立法裁量・・・・・・・・・・・・・・・・・ 102

立法事実・・・・・・・・・・・・・・・・・ 101
立法措置・・・・・・・・・・・・・・・・・ 78
略式処分・・・・・・・・・・・・・・・・・ 208
略式手続・・・・・・・・・・・・・・・・・ 97
両罰規定・・・・・・ 91, 100, 134, 143, 208
リンク型条例・・・・・・・・・・・・・・・ 147
リンケージ・・・・・・・・・・・ 18, 113, 144

ろ

労役場留置・・・・・・・・・・・・・・・・ 103

〔著者紹介〕

きたむらよしのぶ
北村喜宣
上智大学法学部教授

　1960年京都市生まれ。1983年神戸大学法学部卒業、1986年神戸大学大学院法学研究科博士課程前期課程修了（法学修士）、1988年カリフォルニア大学バークレイ校大学院「法と社会政策」研究科修士課程修了（M.A.in Jurisprudence and Social Policy）。1991年神戸大学法学博士。横浜国立大学経済学部助教授などを経て、2001年上智大学法学部教授。2014〜2015年上智大学法科大学院長。

　主要著書として、『環境管理の制度と実態』（弘文堂、1992年）、『行政執行過程と自治体』（日本評論社、1997年）、『分権改革と条例』（弘文堂、2004年）、『分権政策法務と環境・景観行政』（日本評論社、2008年）、『行政の実効性確保』（有斐閣、2008年）、『プレップ環境法〔第2版〕』（弘文堂、2011年）、『環境法』（有斐閣、2015年）、『自治体環境行政法〔第7版〕』（第一法規、2015年）、『環境法〔第4版〕』（弘文堂、2017年）、『空き家問題解決のための政策法務』（第一法規、2018年）、『自治力の挑戦』（公職研、2018年）。

現代環境規制法論

2018年7月30日　第1版第1刷発行

著　者：北　村　喜　宣

発行者：佐　久　間　　　勤

発　行：Sophia University Press
　　　　上　智　大　学　出　版

　　　〒102-8554　東京都千代田区紀尾井町7-1
　　　URL：http://www.sophia.ac.jp/

制作・発売　㈱ぎょうせい
〒136-8575　東京都江東区新木場1-18-11
TEL 03-6892-6666　FAX 03-6892-6925
フリーコール　0120-953-431
〈検印省略〉　　URL：https://gyosei.jp

©Yoshinobu Kitamura, 2018
Printed in Japan
印刷・製本　ぎょうせいデジタル㈱
ISBN978-4-324-10504-7
(5300277-00-000)
〔略号：（上智）現代環境規制〕

Sophia University Press

　上智大学は、その基本理念の一つとして、
「本学は、その特色を生かして、キリスト教とその文化を研
究する機会を提供する。これと同時に、思想の多様性を認
め、各種の思想の学問的研究を奨励する」と謳っている。
　大学は、この学問的成果を学術書として発表する「独自
の場」を保有することが望まれる。どのような学問的成果
を世に発信しうるかは、その大学の学問的水準・評価と深
く関わりを持つ。
　上智大学は、（1）高度な水準にある学術書、（2）キリス
ト教ヒューマニズムに関連する優れた作品、（3）啓蒙的問
題提起の書、（4）学問研究への導入となる特色ある教科書
等、個人の研究のみならず、共同の研究成果を刊行するこ
とによって、文化の創造に寄与し、大学の発展とその歴史
に貢献する。

Sophia University Press

One of the fundamental ideals of Sophia University is "to embody the university's special characteristics by offering opportunities to study Christianity and Christian culture. At the same time, recognizing the diversity of thought, the university encourages academic research on a wide variety of world views."

The Sophia University Press was established to provide an independent base for the publication of scholarly research. The publications of our press are a guide to the level of research at Sophia, and one of the factors in the public evaluation of our activities.

Sophia University Press publishes books that (1) meet high academic standards; (2) are related to our university's founding spirit of Christian humanism; (3) are on important issues of interest to a broad general public; and (4) textbooks and introductions to the various academic disciplines. We publish works by individual scholars as well as the results of collaborative research projects that contribute to general cultural development and the advancement of the university.

Environmental Policy Law

© Yoshinobu Kitamura, 2018

published by

Sophia University Press

production & sales agency : GYOSEI Corporation,Tokyo

ISBN 978-4-324-10504-7

order : https://gyosei.jp